拥抱生命中的不完美

不完美

生命中的

不抱怨的世界

徐晓峰 著

图书在版编目（CIP）数据

不抱怨的世界：拥抱生命中的不完美 / 徐晓峰著
. -- 北京：台海出版社，2016.5

ISBN 978-7-5168-0996-9

Ⅰ．①不… Ⅱ．①徐… Ⅲ．①人生哲学－通俗读物
Ⅳ．① B821-49

中国版本图书馆 CIP 数据核字（2016）第 090859 号

不抱怨的世界：拥抱生命中的不完美

著　者：徐晓峰		
责任编辑：姚红梅	装帧设计：金刚
版式校对：王娟	责任印制：蔡旭

出版发行：台海出版社

地　址：北京市朝阳区劲松南路 1 号，　邮政编码：100021

电　话：010 － 64041652（发行，邮购）

传　真：010 － 84045799（总编室）

网　址：www.taimeng.org.cn/thcbs/default.htm

E-mail：thcbs@126.com

经　销：全国各地新华书店

印　刷：北京凯达印务限公司

本书如有破损、缺页、装订错误，请与本社联系调换

开　本：889×1194	1/32
字　数：140 千字	印　张：7.5
版　次：2016 年 10 月第 1 版	印　次：2016 年 10 月第 1 次印刷
书　号：ISBN 978-7-5168-0996-9	
定　价：35.00 元	

目 录
catalog

不抱怨的世界
拥抱生命中的不完美

第一章　与其追求完美，不如找回初心

　　追求完美的初衷固然很好，但为了苛求完美而贬低自己是不应该的。完美不等同于讨好，不是低声下气满足所有人的要求，更不是贬低自己。其中最关键的一点是在做出所有的努力之前，先要确定好自己的目标，别一味地追求完美而忘了自己的目的是什么。与其追求完美，不如找回初心，想一想自己最开始的追求是什么？

为了追求完美，我们处处小心

在生活中，为了追求完美，我们总是处处小心。在不知不觉中，"纠结"的日子已经成为我们生活的主旋律。因为太想追求完美，因此我们的心灵便被缠上了一团乱麻，真是"剪不断，理还乱"。我们在生活中出现矛盾，便彻夜难眠；在工作中出现问题，更是坐立不安……最终，我们被这种纠结的情绪紧紧缠绕，且越缠越紧，它将我们搅扰得一刻也不得安宁，束缚得我们无法呼吸。比这些更加可怕的是，我们一旦沉浸这种情绪中，就好比双足深陷泥潭难以自拔。幸好，有的人能够幡然醒悟，从纠结中挣脱出来。

有一位朋友，一辈子都在追求完美，不但严格要求自己尽善尽美，还要苛求他的妻子和他一样做个完美的人，为此他一直活得小心翼翼。他是家中的长子，由于从小家境清贫，所以对于父母勤劳养育的恩情总是铭记在心，信誓旦旦地告诉父母和弟弟妹妹，一定会找一个最好的媳妇回来照顾他们。几经挑选，终于他在不小的年纪时找到了一个温顺的女人，将她娶回家，吩咐她好好伺候公婆。他则每天从早工作到晚，忙着赚钱养父母和小家庭。他每天战战兢兢地提醒自己要做好榜样，见妻子打理家务不够妥帖，就严厉地责备她，要求她也要像他一样全心全意地牺牲奉献。没孩子时，他挑剔家里不够整洁，对公婆的照顾不够体贴。有了孩子后，孩子成绩不好时，他怪她；孩子生病时，他也怪她。

终于，公婆因为年老相继过世，孩子也长大到可以照顾自己。妻子像递出辞呈一样地递出离婚协议书说："算我眼瞎，被你当棋盘里的一颗棋子一样地娶回家里用，现在我仁至义尽，和你的感情也全磨光了……放我走吧。"

这位花了一辈子尽心尽力扮演好长子角色的男人，到这时才发现，事无巨细又精确无比的要求，让他忘了真正的生活是什么，也忘了经营与妻子的关系。

他的一生就像拍子和音符都正确无比的曲子，听起来却没有一点感情。

苛求完美的最大危险就是过分计较细节，反而让我们忽略了最重要的目的。

有的人只苛求自己在职位上效忠职守，却忘了继续追求成长，奠定升迁的根基；有的人只苛求自己做全天下最好的父母，却忘了让孩子独立；有的人因为苛求自己做一个完美的妻子或丈夫，从而对对方的出轨百般包容；有的人因为苛求自己符合完美媳妇的形象，却忘了她这辈子最重要的责任就是活出自我。

生活中好像永远都有各种令人纠结的小事，需要我们操心，需要我们费心费力地去解决。但我们不应忘记人生中最重要的，不是应该符合旁人崇高的期望，不是一定得读什么样的名校，或到什么样的公司上班才不虚此生。家里也不是不够窗明几净就没法住人，或是孩子没有十八般武艺就一定会被社会淘汰。

人生苦短，何必总是为一些看起来不完美的事情而担心，我们除了努力活在当下，还要做一个懂得享受生活的人。尽管我们无法彻底挣脱生活的羁绊，但还是要张开快乐的翅膀，从纠结中解脱出来，容许心灵自由地飞翔。

完美的人生并不存在，生活中总是存在着这样那样的不足。我们要做的，不是去追求不存在的完美，而是去接受生活中的不足。

有位先生被派到海外工作，夫妻两人为得到这机会兴奋不已。经过一番计划之后，他们开心地带着孩子去就职。然而，海外的生活并不是他们预期的那么完美。很多意料不到的问题一个个出现在他们面前，包括生活无法适应、语言隔阂、种族歧视、丈夫工作过于忙碌、家庭关系被忽视等等，种种生活琐事让他们的生活越来越不完美。

在国内很少吵架的他们，到了异地他乡竟然成天为一些小事闹不愉快。明知是因为生活压力使然，两人却冷战热战到不可开交。

妻子沮丧到极点，做什么事都提不起劲儿，每天愁眉苦脸。

一天,她独自骑车到外面散心,一想到要回家简直懊恼极了。她一路低着头踩着脚踏车。骑到某个路口,忽然一辆大车从身侧驶出。她差点跌倒在地上,以为自己就要亡命异乡。好在司机及时看到她,及时刹住了车。过了马路,她惊魂未定间,惊觉自己不能这样。如果她任自己失意下去,只会惹来更多更大的问题。她告诉自己,要开心度日。就这样,她与先生渐渐找出更好地沟通方法,走出困境,重拾欢笑。

生活中的不完美,常常让我们的美好期待落空。越是希望追求完美,这种失望的落差就越大,内心也就越纠结。这时候你会发现,追求完美是一件那么辛苦,也是那么危险的事。一个人能不能早日走出"不完美"的陷阱,与他接下来面对生活的态度有很大的关系。有些"一生悲惨"的人,就是因为他们在努力地"追求完美"。一旦这种完美的希望破灭了,就会使自己陷入自怜的情绪,悲惨的事就会接踵而来,好像约好一般,非得整得你要死不活。那位妻子说,在骑着脚踏车到马路的另一边后,她告诉自己要坚强起来,不完美的生活才是常态。等到半年过后回头一看,才发现:生活虽然不完美,但也并没有想象中那么糟。

你不可能做好所有的事

老梁是一家公司的总经理，现在公司业务已经步入正轨，照理说应该很轻松才对。然而老梁每天过得却很辛苦，他自己也搞不明白问题究竟出在哪里。直到有一个周末，他出门遛狗，看到爱犬总是努力地想挣脱自己的控制，这才恍然大悟。

他一直认为自己在遛狗的时候，只是有个不肯松绳的习惯，没想到时间久了不但狗痛苦，连他自己的活动天地，也被局限在以绳子为半径的距离了。

仅仅是为了让秘书把手头一张简单的图表做到完美，他身为一个堂堂总经理，为了这点事竟然要耗费整个下午站在她身后指挥。

"把图再向上移一点……把图向下移一点……这边的用词不合适再改用原来的好了……"老梁一手摸着下巴，若有所思地反问，"你感觉现在这样如何？"

"不错。"秘书铁青着一张脸说。

费了她九牛二虎之力来做最终还不是以咆哮作为回答，反正她提的意见也不能算数，他还不是按照自己的意思一一改了？最后，还问她的意见有什么意思？

老梁看到她一副冷冷的模样，权当她是累了，便语重心长地劝告她："浪费我一下午的时间，都是为了教你怎么写好一份专业的报告，你可要好好学着点！"

她毕恭毕敬地答道："是。"虽然嘴上不说，心里却想，"难道将报告里的图向上移 2 厘米或是向下移 2 厘米就能够分出专业和业余了吗？"

在她刚刚毕业初入职场的时候，她是多么庆幸自己能遇到这样一位热心的主管。在工作中，他曾给她那么多善意的帮助和指导。然而，同样的事他已经做了快一年了。她终于发现原来他的目的是享受指导别人所带来的乐趣，而并非完全在指导她。

都一年了哦！难道是自己表现的太差劲？不然为什么她每次呈上去的东西都会被他反复删改？搞得她一点成就感都没有。

明明把东西交代给了别人自己又不肯放手，什么都想自己做；总是对别人的成品有很多意见，认为自己的想法才是最好的；没耐心等别人琢磨，别人没做几下就决定插手；还经常怨叹没人明白自己的苦心，常常独自叹息："唉，真是好心被当驴肝肺！"以上这些就是凡事都要亲力亲为的人的典型特征。

以前有位朋友很喜欢遛狗。他养了一只体型很大的杜宾犬。晚上把雄赳赳、气昂昂的它带在身边逛大街，牵狗的人也能跟着威风。但妻子的意见却有所不同，她认为还是养只小狗在一旁跟着跑更省事。

　　大体型的狗偏偏难遛得要命。为了训练这只狗，他可花费了不少时间和心血。

　　这只杜宾犬非常有自己的想法。当他想往东时，它偏偏会向西；如果在遛狗时再去借个单人马车架在狗身上，他就活脱脱一个罗马战士，拉着绳子恶狠狠地在后头穷追猛喊，结果狗遛得不怎么样，身体倒练得健壮不少。

　　一年之后，他的爱犬总算开窍了！他如何下令，它就如何执行，已颇具马戏团的职业水准。他欢喜地牵着杜宾犬出去，左邻右舍都围过来看。

　　"怎么样？瞧我厉害不，连这样的狗也能训练成这样！"

　　"你看它多听话？我要它走，它就不敢停……"

　　"我敢保证，即使我放开绳子，它也会乖乖地跟在我屁股后头。"

　　"那你怎么不敢放开它？"终于有一天，邻家的小孩反问道，"我们家的小黄特别喜欢自己在外面跑来跑去，像你这样天天绑着它，它难道就不痛苦吗？"

　　"这……"他一时也不知如何解释。像这么大体型的狗，就算自己敢放它，恐怕也会招来邻居的抗议。最关键的是，这条狗，他花了很多心血，好不容易地将它训练出来，万一走失了那可如何是好？

　　对不该放手的理由他还想了很多：对他而言，放开绳子实在不像遛狗，如果跟狗出来各跑各的，不如带孩子出来锻炼身体呢，还用得着带一只狗吗？他之所以有成就感，就是因为牵着这么一只气派的狗，这叫他如何舍得放手？

"究竟要不要放开绳子"这个问题一直困扰着他，每晚遛狗时都会想个不停。

于是，他开始思考自己到底为什么不愿意放开绳子，却由此惊讶地发现，在生活中他没有放手的事更多。在家里，孩子都快成年了，但无论干的事大小，他还会在一旁指指点点；在公司，无论要属下做什么事，他都要亲自过问，免得出现差错；就算请妻子帮忙，他也会亦步亦趋地跟在后头确定每个步骤都合乎他的标准。

为了满足他控制的欲望，生活在他身边的每一个人都被他捆绑到一条隐形的绳子上。以前，他经常奇怪自己为什么总是轻松不下来，妻子要他陪着去度假，他总说放心不下员工、放心不下孩子，想东想西。实际上，他放心不下的既不是员工，也不是孩子，而是他自己。他用隐形的绳子不仅绑住别人，而且也绑住了自己，使自己的活动天地也被局限在绳子那么长的距离。一个人不可能做好所有的事情，与其拿着完美主义的绳子绑住别人，也绑住自己；不如放开这根绳子，让自己从纠结中彻底解脱出来。

其实你很好，只是自己不知道

你是否曾将全部的热情都投入到某件事中，并想尽一切办法，希望获得最完美的结果，却因为突如其来的一连串莫名其妙的困难，而将原本的计划彻底打乱，并让你的心情沉入谷底？当我们追求完美的心一旦遭遇挫折时，我们大多会倾向于对自身能力的怀疑：我究竟是哪里做错了？是不是自己太笨？什么事情都做不好？

停——

这才是我们应该勉励自己的话："不论如何，至少我知道该如何重新开始。"

下面是一个在国外工作过的朋友讲述的自己的故事，很有代表性。

我在外国一家心理咨询机构实习，小心翼翼地维持了数月后，我所住的小镇突然下起了一场大雪，当天约好要见面的人一个也没有来。我完全可以用天气因素来说服自己，但我没有这样做，而是花了很多时间将过去工作中所有的不顺利都找出来打击自己，似乎跟我约好的人都很喜欢放我鸽子。

最后得出结论：首先我是黄种人，不可能在白人的社会中生存；其次自己又是菜鸟，英文也不好、能力又太差，大家都想躲着我。唉！我这辈子恐怕都会这样，不可能有出头之日了……

　　就这样，当我掉进自怨自艾的陷阱无法自拔时，我的练习者刚好走进来，将我写好的 7 页演讲稿改了几行，并将我重复犯的错误夸大，要我检讨改进。接着，他要我留意对客户所说的话——一周前有位祖母带着她正值青春期的孙子进来让我做心理鉴定，祖母现在状告到心理医师跟前，说我对他们不礼貌：竟然说她孙子的性向有问题。

　　"性向有问题？"我在脑中搜索当时的情形，我对那位祖母的印象还不错，但我不记得我和她说过什么性向问题，这些人格测验怎么会和性向扯上关系？练习者走后，我不断地回想当时的状况，慢慢想起来，那天我依照惯例背诵该说的话："这是一个心理评量测验……"

　　那位祖母大惊失色："性向评量？"

　　有点迟钝的我稍愣了一下，说"不，我说的是心理评量，做的是人格测验……"然后，他就若无其事地接着去做我该做的事了，没想到她会这么在意。我自怜的因子又异常活跃起来，拼命地打击着自己，也许是我当时解释得不够清楚，肯定是我口齿不清，百分之百是我英文太烂造成的，更别提这些人对我的种族歧视了，我实在是受够了！这点小事，她竟然状告到心理医师那里，再通过练习者转告给我，我以后还要不要做人啦？

　　"不过没事了，心理医师说他已经将这件事处理好了，叫你以后说话注意点。"练习者接着说。

叫我注意点，注意什么啊？我越想越气。是小心不要乱说话，还是小心别人脑袋短路还反过来控诉我是神经病？我每天在这里的工作时间只有 4 小时，却得花上 15 个小时的时间忙实习的事、想实习的事、做实习的事，难道这样还不够吗？

练习者走后，恼羞成怒的我再也无法忍受这阵子由于劳累所积下来的怨气，看看时间也离下班没差几分钟了，便开车回家。经由某个车水马龙的路口时，我心想："如果现在哪部车子撞到我，就可以将这折磨人的实习工作结束了，想想也不错。"

这个想法一出现，我就明白自己已经被压力征服了，需要换一种方式去思索了。握着方向盘，我想起自己拿到汽车驾照不过是几个月前的事，便问自己："如果心理咨询的工作就像在开车，既然开车时也会出些小意外，也会觉得自己是很烂的驾驶员，或是怕出状况而不敢再上路，但为什么我现在还是在开车呢？"

我记忆的闸门慢慢打开，当我觉得自己是位技术不过关的驾驶员，或是马路上很危险，怕自己无法开车时，我都会不断地告诉自己："不要紧，冷静下来，冷静下来，从头开始……最基本的步骤是留意两边来车，看到'停'的标志要停，绿灯时……"

　　我曾经历过从无到有，好不容易爬到现在的位置。现在只是踩空、滑了脚、擦破了点皮，并不代表我爬不上去，或是我不适合，我没必要将所有的问题都归咎于自己。

　　再糟糕，也不过是从头开始。

追求适度的完美，才是你的目标

拥有目标并不一定能收获成功，持之以恒并不一定会得到好的结果。生活中每个人都有自己的目标和理想，目标太大，超出了自己的能力范围，就很难实现；目标太小，轻而易举就能做到，会使人产生骄傲自满的心理。

因此，有目标很重要，制定一个合理可行的目标更加重要。

有时，目标会成为我们的绊脚石，一味的坚持会让人身陷人生的沼泽地。因为目标太大，我们的能力有限很难达成，所以对自己悲观绝望；目标过小，会让人产生狂妄自大的负面情绪。这些都会阻碍我们的发展道路。同时，如果目标本身就不合乎实际，那么越是对它坚持不懈就越可能使自己陷入消极、迷茫之中。

不过在我国，人们都崇尚把自己的目标定得远大一些，老师也经常教育学生从小树立远大的理想，父母也是望子成龙、盼女成凤。远大的目标总能赢得几分别人羡慕的目光，而对于那些没有远大目标的人，大家大多会认为他能力平平，难成大器。但是，过大的目标真的就像人们所认为的那样令人羡慕吗？

在一条贸易街上有三家染布坊。

第一家在门口挂出一块牌子，上面写道：本店是全国最好的染布坊。

第二家也在门口的显眼处挂了一块牌子，上面写道：本店是全世界最好的染布坊。

唯独第三家没有这么夸大其词，只是在门口挂了一个小牌子，上面写道：本店是整条街最好的染布坊。

结果，第一家和第二家染布坊顾客很少，只有第三家整日生意兴隆，客人络绎不绝。

是什么成就了第三家染布坊呢？第一家的宣传过于带有强调的成分，顾客一想，喊出这么大的口号，肯定不诚信，而且其价格也一定高的离谱。第二家的宣传更是语出惊人，很明显是在忽悠顾客，谁愿意上这个当呢？只有第三家，尽管有强调成分，但其目标定得通情达理，对顾客而言，这种宣传也是最真实的。

这是一个带有幽默意味的故事，但其中的一些东西却值得我们思考！现在的一些商家、厂家，不也经常在企业前景中写上连自己都不敢相信的豪言壮语吗？对于这种现象，仅从公司名字上就可见一斑。

人数不超过十个的公司竟然叫"国际文化传媒公司"，一个小卖铺式的百货店竟然打出"百货商城"的招牌，一个以电话直销图书为主要业务、编辑部门只有2人的公司竟然是"北京某某经济研究院"，如此等等，不胜枚举。

商家如此煞费苦心地为自己披上一件美丽的外衣，无非是想让自己有一个好形象。假如一个人给自己制定一个极不切合实际的目标，那只会让自己离目标越来越远。对于远远超出自己能力范围的目标，即使你坚持不懈，不肯放弃，那么这样的人生也只会是黄粱一梦。

认为自己不完美并不可怕，可怕的是不知道自己不够完美的原因。如果自己的理想不够客观，就很可能使自己遭受更多的挫折；如果目标太过偏离实际，我们难免会在逆境中感到困惑彷徨。因此，在制定目标时，我们一定要切合实际，客观地面对现实。

只有制定了合理的目标，才不至于在追求中感到困惑，更不会在追求中迷失方向。同时，只有设定了合理的目标，我们才会知道自己下一步具体要做什么，才有尺度去衡量是否能够到达成功的彼岸。

对于认为自己不完美的人而言，拥抱不完美的自己，首先要积极乐观、坚持不懈去努力。但如果坚持本身就是错误的，那么放弃才是最佳的选择。我们要经常在实践中自我反思，思考自己设定的目标是否合乎常理，是否含有过分主观的成分。如果发现目标不正确，就要及时调整，这样才可避免没有任何实际意义的坚持与时间、精力的浪费。

在很多人心中，制定人生目标就是找一些遥遥无期的梦想，但这样的梦想永远都不会实现。与其亡羊补牢，不如开始就让目标尽可能地实际、客观。如何才能为自己制定一个合乎实际的人生目标呢？

第一步：把目标单独写在一张白纸上。很多人的目标都是不登记的，他们只是将它放在心里，这样的目标常常会在时间的流逝中逐渐模糊。所以，制定目标一定要落实在文字上。

第二步：在目标中写上完成这个目标所需要但是目前又没有的资源，如某种教育、职业生活生计的改变、财务、新的技能等。

第三步：把目标进一步细分之后，还要写下自己要完成每一步所需要的详细步骤。这同时也是一个检查清单，只有写下完成目标的切实步骤，你才可能知道自己的目标是否有实现的可能，哪些地方是不可执行的主观臆测。

第四步：对目标细分后的时间安排，在目标表上写下你所要完成目标的详细日期。对一些无法确定详细完成日期的目标，要写出自己想要在哪一年完成它并以此作为年限。

第五步：整体掌握目标完成的时间进度，清晰所需要完成的每一小步，写下你所需要完成目标的准确时间。

第六步：照顾到整体目标的需要，你需要定一个周计划、月计划、年计划的时间进度表，以便自己可以按照预计的路线去完成。

第七步：在你的时间进度表上，规定好每个目标完成的时间，从而保证自己对要完成的事情有一个明确的时间概念。每到年底时，你可以回顾一下自己在这一年里面的进度情况，并划掉在这一年里面已经完成的目标。

生活的烦恼来自哪里

在漫长的生活中，总有很多人被无休无止的烦恼纠结着、困扰着。他们每天愁眉不展、唉声叹气。那么，生活中的这些烦恼究竟来自何方呢？其实说白了，很多人之所以会痛苦、纠结、不快乐，无非是因为在他们内心或生活中遭遇了未曾预料到的变故。而这些变故打乱了他们原本的计划，使自己的愿望无法实现。

换句话说，是我们的理想太完美，而现实又太骨感。

比如说，有人想创业，赚大钱，但是却遭遇了失败、做生意赔钱了；有的人希望自己的婚姻美满，家庭幸福，结果却出现了感情危机；有的人想拥有一套属于自己的房子，结果房价不断上涨，导致梦想破灭；还有人想从事一份自己喜欢的工作，结果事与愿违，从事着一份自己并不喜欢的工作……如此种种，不一而足。

突如其来的事件总会把我们原有的思维打乱，继而让我们陷入苦恼、痛苦、迷茫、无奈的情绪之中。甚至一些事情的发生简直有点莫名其妙，因为我们觉得这样的事情根本不可能在自己的生活中发生。我们也从未对它们有所预备——比如离婚，受到好朋友的欺骗，做生意赔掉了很多钱，无缘无端遭人诽谤，被同事陷害，患了某种疾病等。

　　当这样的事情在自己生活中发生时，我们总是情不自禁地怀疑自己是不是走错了路。于是，我们开始变得惊慌、悲伤、气馁、失去控制，而焦急、反思、苦恼也蜂拥而来，以往的计划、目标好像完全被它们打乱了。

　　我有一位忘年交，他在告别青年，迈向中年的时候，噩耗却赫然从天而降的，他被诊断出得了癌症。最初那段时间，他感到极为痛苦、沉闷，但他最后想通了，幸好发现及时，能更好地利用剩下的时间，决定努力去做这辈子最想做的事。在病痛与失意的日子里，他体会到一个事实：一切总会过去，阳光总会出现。

　　然而生活中的烦恼总是会出现，当我们因此感到困惑、困难、混乱，甚至陷入危机时，我们应当如何应对呢？有一位哲人曾这样说："当我们无法承受面前发生的事情，当压力大到快受不了时，这就是最贵重的机会。"

　　面对生活中的种种不如意，我们根本无须烦恼，坦然接受它，努力去做需要做的事情就是了。陷入困境没关系，但不要困住自己的心。否则，一旦深陷其中，便难以自拔，最终陷入无底深渊。有人因工作不完美，开始在外面寻求情感安慰，最后搞到自己妻离子散、痛悔一生；有人由于失业，导致自己状况愈来愈差，后来大环境改善了，自己却已追不上潮流，任自己陷入另一波洪流中，无法自拔。

甚至还有一些人，生活看起来顺风顺水，并没有什么令人纠结的事情发生，但他们仍然很不开心、总是一副郁郁寡欢的样子。这种人，纯粹是在自寻烦恼。

很多时候，自寻烦恼好比是一副配错度数的眼镜，既看不清晰又损坏视力。很多时候我们只须狠下心花一笔钱配一副新眼镜就好。但有些人却停留在原地慢慢吞吞、怨东怨西。要不就是好不容易花了钱戴上新眼镜不到一分钟就"头晕得厉害"，说明新眼镜不适合自己。

其实，当我们不幸陷入烦恼之中时，只要能稳住情绪，冷静计划接下来要走的路，按部就班、持之以恒地进行，逆境早晚会过去。曾有位十分注重学习成绩的朋友考高中时不幸落榜，在等待学校放榜的时候为了不让自己闲坐自怜，便关起房门在家里苦练英文打字。没想到这一练，练出了爱好和专长，这项小小的才能不但重建了他的自信，也让他后来在新的领域有所发展。由此可见，逆境也能创造奇迹，就看我们如何利用它。

我们总是被烦恼所困扰，但却经常忘记自己本身可以创造奇迹。假如我们有这样的决心信念，坚持下去，总有一天将会看到更广阔的天空。

事实上，生活中发生一些让人迷乱的出乎意料的事情是很正常的。而且在一个陌生的状态中，探索本身也是一件非常有益自我完善的事情。在这种状态中，即使自己表现得力不从心也没有什么，只要坚持下去自己很快就会对它认识起来。假如你总是习惯于做自己最擅长的事情，未必就对自己百利无害，也许在反反复复中我们根本学不到任何东西。

为了避免让自己陷入无休无止的烦恼当中，我们必须敢于质问自己"为什么"，比如"我为什么会走到这一步？""我真正需要的到底是什么？"等等。敢于质问自己不是软弱的表现，而是只有这样我们才可以更清晰地认清自我，辨别自己所处的状态。对于一个有强烈进取心的人来说，他们会在不断质疑中变得聪明，更清晰地了解自己。在这个质疑的过程中，他们会逐渐建立起更自觉、更真实可托的生活。

人生可以不完美

"吃不到葡萄就说葡萄酸"这个典故,相信很多人都不陌生。

据说这个故事的原始版本是这样讲的:

很久以前,有一只饥饿的狐狸,葡萄架上挂着的一串串葡萄对它很有诱惑,但是它想尽了办法也摘不到。吃不到葡萄的狐狸没有气愤,却在临走时安慰自己说:"葡萄是酸的。"于是,狐狸继续往前走,很久也找不到食物,最后只找到一只酸柠檬。这实在是一件不得已而为之的事,但它却说:"这柠檬是甜的,正是我想吃的。"

相信第一次听到这个故事时,很多人都嘲笑过这只狐狸。鲁迅先生想必对这个故事印象很深,要不他怎么创造出了阿 Q 这个角色,而且将"阿 Q 精神"描写得如此入木三分。然后,如果换个角度去思考,狐狸这种心态未必不是聪明的。

至少,它让自己很快乐,而不至于陷入"吃不到葡萄"的纠结当中。所以说,狐狸的这种心态虽然有点自欺欺人,但是也未必是不可取的,至少能对人们产生一种自我安慰。心理学因这个故事而产生了"酸葡萄心理"和"甜柠檬心理"这两个术语。

如果能够善加利用这种心态,我们的生活想必会轻松很多。比如说，当你看到一个心仪已久的挎包被别人买走了，虽然你有些遗憾，但你仍会安慰自己"那个挎包款式虽好，但面料和做工我都看不上，不买也行"；当你追求了很久的姑娘最终投向了别人的怀抱，虽然你很失望，但还是会安慰自己"她美貌、身材、性格一样都没达到我的要求，并不值得我爱"；看到同事得到升迁，而你还在原地徘徊的时候，虽然你有失落感，但你也会暗自告诉自己"职务越高，工作越辛苦，还是我的生活比较舒服啊"。

你看，通过这种简单到极点的自我安慰，我们是不是会轻松很多。相比那些对于生活中的一些遗憾总是耿耿于怀，遇到失恋哭天抢地的人来说，以上的种种做法，是不是潇洒得多？原来啊，我们生活可以不完美，纠结的人只是因为心里放不开。

我有一个朋友，总是哀叹自己命运不济。"如果当初我……就好了"是他每天挂在嘴边的口头禅。后来有一次大学同学聚会上，他遇到了昔日的初恋情人。十余年之后的再度重逢自然感慨良多，当年的如花美眷已经面目全非，而他亦是满面沧桑，不见昔日英姿。

酒席宴上，觥筹交错之间，女同学微微叹息："如果当初我们没有分开就好了，至少，不用像现在这样形影单只……"原来这位女同学的婚姻生活并不如意，已经在不久前协议离婚了，所以才会发出如此感慨。

他听了一阵错愕，继而很快释然了，想起自己的幸福家庭和一双儿女，还有什么不满足的呢？如果当初真像女同学所说没有分开，想来也未必"就好了"。因为他知道，这位女同学的脾气实在是不好，而自己同样是受不得气的人，当初他们在一起的时候就经常吵架。如果真结婚了，想必不会如现在的妻子一样对自己处处包容。

"如果当初"永远只是个假设，总是拿这种话来哀叹自己当前的不幸，是何其愚蠢的一件事。任何人的生活都不可能总是一帆风顺，既然有快乐就必定会有很多的挫折和困难。很多性格固执的年轻人，当受到挫折时，容易钻进死胡同，情绪坏到极点，一蹶不振、垂头丧气、痛不欲生、埋怨他人、与人对抗等。

有些遗憾和挫折我们必须面对，不必总是执着于一件事。毕竟，生活有无数种可能，而每一种可能都不会完全尽如人意。比如，我曾经遇到过这样一个年轻人，他因为高三复读四年的事迹，在学校已经成了个响当当的人物。他前三次高考，复旦、北大、北航……多少学生梦寐以求的高等学府他都可以考上过，但是固执的他一心想要考清华大学。最后，命运弄人，第四次高考的他还是没考上清华，直到2008年当他第五次高考时才再次考上北京大学，才到北京读书。最终，他认为自己浪费了四年的时间。

这个年轻人为了一个清华梦，付出的努力的确让人叹为观止。然而，为了这个梦最终让他浪费了四年的宝贵时间，究竟值不值得呢？恐怕，年轻人此刻也是追悔莫及。如果他能换一种思维去想：清华大学人才济济，竞争激烈，学习压力也大，去其他大学也不错。那么他早几年就开始享受大学生活，早几年步入社会了。

在当今社会，同样有很多初入社会的年轻学子，一心向往着大企业、外企的工作。结果，他们中很多人因为竞争激烈而与这样的工作失之交臂，最后只能选择一家小公司栖身。这样的人自然不会安于现状，总以为现在的工作委屈了他，与他向往的名企、外企相去甚远。于是，有多少年轻人在自怨自怜中蹉跎了岁月，最终一事无成。

其实我们完全可以换一种思维去看待问题，比如我们可以想：进小公司也有小公司的好处，各种制度灵活，更能锻炼人，不也挺好吗？这个时候，大企业就是狐狸心里的"酸葡萄"，小公司就是"甜柠檬"。否则，在找工作的时候，一味地找那些条件优厚的单位，而自己的能力又无法与之相匹配，其结果自然是产生落差，造成心理上的紧张。

不过需要注意的是，在遇到挫折时自我安慰，固然具有一定的积极意义，可以缓解我们纠结的情绪，但我们并不能仅仅停留在这一点上。当情绪稳定后，应该冷静、客观地分析达不到目标的原因，从而重新选择目标或改进方式方法。

　　生活可以不完美，但这并不意味着你可以自甘堕落，放弃理想。相反，我们在自我安慰的同时，更应该收拾起失落的心情，重新振作起来，向着全新的目标进发。

阳光心态带你走进幸福生活

我们每一个人都是以自己的心态去看待生活。胸怀江河者看到的逆境是暂时的回流，回流之后又是可以放逐千里的浩荡之水；而胸怀溪涧的人面对逆流便以为人逢绝路，只能永久地停留在此岸了。由此可见，人生奋进的关键是培养自己博大的胸怀，因为只有博大的胸怀，才能容纳困难与挫折，才能发现广阔的汪洋大海中到处可以航行。要想成为强者，就要学会接纳困境，直面危机，因为这是生活给予你的一份馈赠。

一个装着香水的无口之瓶，只有打碎它才会散出幽远的馨香；一块朴拙的顽石，只有经过无情地雕琢，才会成为精美的艺术品。很多美好的东西不会自然地展现在你面前，那些伤痕累累的心理感受，恰是生活的馈赠。

一个女儿对父亲抱怨她的生活，抱怨事事都那么艰难。她不知该如何应付生活，想要自暴自弃了。她已厌倦抗争和奋斗，好像一个问题刚解决，新的问题就又出现了。

她的父亲是位厨师，他把她带进厨房。他先往三只锅里倒入一些水，然后把它们放在旺火上烧。不久锅里的水烧开了。

他往一只锅里放些胡萝卜，第二只锅里放入鸡蛋，最后一只锅里放入碾成粉状的咖啡豆，一句话也没说。

女儿咂咂嘴，不耐烦地等待着，纳闷父亲在做什么。大约

20 分钟后，他把火闭了，把胡萝卜捞出来放入一个碗内，把鸡蛋捞出来放入另一个碗内，然后又把咖啡倒入一个杯子里。

做完这些后，他才转过身问女儿："亲爱的，你看见什么了？"

"胡萝卜、鸡蛋、咖啡。"她回答。

他让她靠近些并让她用手摸摸胡萝卜。她摸了摸，注意到它们变软了。父亲又让女儿拿一只鸡蛋并打破它。将壳剥掉后，她看到的是只煮熟的鸡蛋。最后，他让她啜饮咖啡，品尝到香浓的咖啡，女儿笑了。她怯声问道："父亲，这意味着什么？"

他解释说："这三样东西面临同样的逆境 —— 煮沸的开水，但其反应各不相同。胡萝卜入锅之前是强壮的、结实的，毫不示弱；但进入开水后，它变软了、弱了。鸡蛋原来是易碎的，它薄薄的外壳保护着它呈液体的内脏；但是经开水一煮，它的内脏变硬了。而粉状咖啡豆则很独特，进入沸水后，它们与水融为一体，并改变了水。"哪个是你呢？"他问女儿，"当逆境找上门来时，你该如何反应？你是胡萝卜，是鸡蛋，还是咖啡豆？"

那么你呢，我的朋友，你是看似强硬，但遭遇痛苦和逆境后畏缩了，变软弱了，失去了力量的胡萝卜吗？你是内心原本可塑的鸡蛋吗？你先是个性情不定的人，但经过死亡、分手、离异或失业，是不是变得坚强了，变得倔强了？你的外壳看似从前，但你是不是因有了坚强的性格和内心而变得严厉强硬了？或者你像是咖啡豆吗？它改变了给它带来痛苦的开水，并在它达到华氏212度的高温时让它散发出最佳香味，水最烫时，它的味道反而最好。如果你像咖啡豆，你会在情况最糟糕时，变得坚强了，并使周围的情况变好了吗？

问问自己是如何对付逆境的，你是胡萝卜，是鸡蛋，还是咖啡豆？

世界上没有人终生一帆风顺，任何一个人都会遇到逆境。得不到信任、无端遭受打击和排斥、经济拮据、事业不畅等种种的困难和不如意，使无数人的心中充满烦恼。有的怨天尤人，有的自暴自弃，有的报复社会，有的伤害自身。他们恰恰忽视了一条真理：逆境是磨炼人的最高学府。纵观古今中外，逆境几乎是所有伟人巨子成功的基石。

文王拘而演《周易》，仲尼厄而作《春秋》，屈原放逐赋《离骚》，左丘失明著《国语》……这些古圣先贤哪一个不是在逆境这所学府里培养出来的？再看世界，发明大王爱迪生因被认为是低能儿被迫在小学就退了学；文学家、社会活动家海伦·凯勒集聋哑盲于一身；贝多芬耳聋却写出不朽的传世名作；高尔基从未进过学校读书却成为伟大的文学家。

和他们所遭遇的挫折与不幸相比，我们那一点小小的挫折又算得了什么呢？

逆境是一面让我们使真正认识自己的镜子。应付逆境的能力反映出一个人的勇气和意志力。逆境之后便是一段坦途，坦途之后还会有坎坷或逆境。这就是生活的逻辑。一个人倘若练就了在逆境中的沉着稳健，那么他在顺境中怎能不勇往直前呢？

哲学家纪伯伦说，除了通过黑夜的道路之外，人们无法到达黎明。海伦·凯勒深切地感受到，在获得无比丰富的生命体验的过程中，如果一帆风顺，那我们将失去一些发自内心深处的无上喜悦。只有穿越黑暗幽深的山谷，到达山顶的时候才会欣喜若狂。没有逆境中的苦战，哪有强者的胜利？没有战胜困难的艰辛，又哪有成功者的喜悦？逆境过后只有两种结局：一是失败者的气馁，二是成功者的欢欣。战胜一次逆境，人生就多一份充实和成就。被逆境征服的人，就只能在失败面前垂头丧气。现实生活中这两种人都不少见啊！

接受不完美，改变你的世界

一人一世界，就是说，每个人眼中的世界都不相同。

穷人的世界到处都是贫穷，富人的世界满是财富；失败者的世界充满了凄风苦雨，成功者的世界到处是鲜花和掌声。

然而，每个人的世界也并不是一成不变的。穷人可以通过努力，拥有充满财富的世界；失败者也可以走进成功……你需要的，只是足够的自信。

现在，你是在为自己工作，同时你也热爱自己的工作。并且，你准备通过工作来改变自己的人生。但你也许还缺少一点自信，这也是很多人最终半途而废的原因。

如果你对自己没有信心，对工作没有信心，那么，即使有再大的热情，也会被一次次挫折和失败的冷水所浇灭。

一个人成就的大小，取决于其自信程度。如果拿破仑没有自信，那他的军队决不能成功地翻越阿尔卑斯山；如果刘翔没有自信，那他也不可能在奥运会上夺取世界田径金牌。同样，如果你怀疑自己的能力，对成功的信心不足，那你的一生也不会成就伟大的事业。可以说，自卑被自信超越之日，便是生命之花怒放之时。

那么，一个人应该如何建立自信呢？

方法有很多。比如，你可以记住、理解并时常重复着说：

"我是最棒的，我一定能成功！"这是自我暗示的一种形式，是取得成功的一句自我激励语。

让我们来看看英语狂人李阳是怎样建立自信，并改变自己的世界的。

李阳原本性格封闭，最不爱当众说话，但又渴求当众说话。为了改变自己的世界，他决定用英语挑战自我。他的激励语与众不同：I enjoy lose face！（我热爱丢脸！）现在看来，李阳的成功秘诀正是不怕丢脸！他说："成功人的常态在普通人看来就是变态。"

为了战胜不敢当众讲话的自卑感，李阳把自己的学习心得写成40多页的演讲稿，要在全校大声演讲。他让同学贴出海报，说有一个叫李阳的小子要开一个英语学习讲座。

那天晚上，用李阳的话说是"紧张得想呕吐"。可他还是登上了讲台，气喘吁吁地完成了演讲。想不到，这次演讲居然一举成功了！此后，他又走出校园进行了几十场演讲，一下子成了校园名人！

您是否相信自己的能力呢？如果你的回答是否定的，那你将无法获得真正的成功，更不可能得到真正幸福。因为健全的自信往往是导致成功的关键，而自卑感和无能感却常常是达到目标或希望的障碍；与此相应，自信会帮助你发挥更大的潜能，以实现愿望。

不抱怨的世界
拥抱生命中的不完美

第二章　生活不完美，是因为不肯放下

我们的生活不完美，甚至很糟糕，到底是什么原因造成的呢？通常情况下，并不是因为霉运当头，而是你太故步自封、不懂得变通。背着沉重的包袱，不肯放下；走在错误的道路上，不肯回头……这样的道路只会越走越窄。人一定不能太封闭，必须广泛接触来自外界的各种新鲜事物，这样你才会发现不一样的可能、不一样的思路、不一样的希望，从而找到适合自己发展的道路。

摆脱不必要的束缚

下岗了、失业了，想要买房钱不够……

想要干一番事业，却总是束手束脚，不敢行动……

你努力追求完美，然而太多不顺心的事情包围着你，这就是生活。想要突围，却没有信心，想了各种各样的方案，最终还是在原地打转转。你知道使你感到束缚的原因在哪里吗？你不妨阅读一下下面这则故事：

马戏团里，驯兽师正在用一条细绳绑在大象的脖子上，让这头体积庞大的动物完全按照他的意思进行表演。一名观众很好奇地前去询问他驯服大象的方法。

"非常简单。"驯兽师答，"在大象还小的时候我就用铁链绑住它。刚开始它会想法摆脱，但无法实现，这样过了很长的一段时间后，我再将铁链换成细绳。大象以为绑住它的仍是铁链，即便等它长成硕大无比的成年大象后，还是会乖乖地任我摆布。"

好残忍，不是吗？

但你是否想过，自己在生活或工作中被多少条这种无形的细绳绑着脖子？很多人害怕站在人前、害怕这辈子永远不会成功、害怕整天无事可做、想付出努力又害怕不能马上看到成果……生活就在这些害怕中渐渐蹉跎，变成一团乱麻。

剪不断、理还乱，别有一番滋味在心头。

为什么会这样？其实所有这些"害怕"都可以追溯到过去那些不痛快的经历：或许是小时候被一群大人们逗着玩，被陌生人突然揪住说面相不好，在演讲台上瞠目结舌直到被老师请下台，找工作时惨遭嫌弃或对方为了自身利益贬低你的能力⋯⋯

"到底因为什么我做不好？"任你大吼大叫，捶胸顿足，老天依旧风轻云淡。

冥冥之中，内心有个声音在告诉你：

你也许曾尝试着去改变，但是失败一次你就退缩了；于是你开始害怕面对这个问题，认为自己毫无缚鸡之力。你也许也看过或听说过别人不畏艰难险阻、登上成功巅峰的例子，但是你总是自以为是地把这归结于运气。

于是你又开始自怨自艾："为什么别人总能那么轻而易举地获得成功？一定是我命运不好或是能力太差，要我成功，真是比登天还难啊！"

当我们历经重重关卡，终于看到曙光的那一刹那，每个人都有大松一口气的感觉。之所以会如此，因为让我们感到沉重的往往不是压力本人，而是来自内心的挣扎，我们总能感到自己内心的不断交战，一个声音一直说："太糟了，抛弃吧！"另一个声音却说："不要紧，撑过去。"在他们痛苦不堪、无力前行时，只能以意志力继续撑下去。

坚持是一种勇气，更是一种智慧，明白了这一点的人更容易成功。比如林肯和亨利·福特，他们在成功前也失败多次。假如他们在失败多次后决定放弃，相信不会有什么人对他们求全责备。因为在多数人的眼中，他们的确已经算尽了力。然而他们却没有放弃，他们在尽力之后，仍以惊人的耐力继续前行。

由此可见，成功属于那些贯彻始终的人！

其实，这世上人与人之间从本质上相差无几。然而为什么有的人能成功，有的人却失败了呢？其实，那些成功者的"特质"，就在于能看到自己受限制的地方，一而再再而三地去突破它。而那些失败的人，却很少看到自己的限制，即使看到了，也鲜有勇气去突破。

你有没有想过，你给自己的限制在哪里？

给自己一股敢于向前的勇气

我们的生活不会永远一帆风顺，正如人生不可能完美。在人生的道路上，难免会碰到这样那样的问题，难免会有遗憾、挫折。当人生陷入困境时，你会怎么做呢？

身带残疾的人悲观地说："我的人生注定是不幸的，即便再努力也是徒劳。"

出身不好的人说："我家境不好，智商也不高，这辈子只能这样过了，走一步算一步吧。总之是没法干一番大事业了。"

有人会满脸委屈地诉苦："我向来都非常执着，也非常努力，可到头来仍然一无所获，我真是对自己太失望了。"

在生活中，有这样一些人，他们喜欢夸夸其谈，却不付出一点实际行动，他们是生活中的空想主义者，终日不断地空想着，却始终没能达成一个目标。他们总是安于现状，却又忍不住抱怨，觉得自己生不逢时，常遭命运的捉弄。

还有些人在遇到问题时不知所措、畏缩不前，甚至把希望寄托在运气上。对他们而言，人生总是无路可走的，这是因为他们不但缺乏打败自己的勇气，还喜欢不劳而获，等着天上掉馅饼。

以上这些都是逃避困难的表现。实际上，只要勇于坚持，人生总会"柳暗花明"，关键就在于你能不能突破自我束缚。

　　无论我们遭遇什么状况，都不要轻言放弃，更不能失去前进的勇气和方向。就算前方的路上荆棘密布，就算背着沉重的心理包袱，我们也不能失去对未来的希望，更不能放弃自己的人生信念。

　　对于坚忍、勇敢的人而言，纵使森林边缘还是森林，他们也绝不会泄气；即便沙漠外还是沙漠，他们依然还会执着前行。坚定的毅力与信念终能让他们发现出路，冲破所有的障碍。当然，信念二字的含义就如《士兵突击》中高诚对许三多的评价："信念这玩意儿，还真不是说出来的！"所以，不要因身陷困境就自暴自弃，也不要因自己的先天缺憾而放弃追求。

　　一个人之所以觉得自己一无是处，是因为他认为自己就是想象中的样子。一成不变的思维方式会掩盖真正的自己，正如一只在鸡群中长大的小鹰，即便有一天它可以去翱翔蓝天，但它却不敢相信自己拥有这样的能力。

　　在 2008 年的春节晚会上，盲人歌手杨光"智障指挥家"周舟……他们的人生经历，值得我们去深思。因为他们都是在克服了自身缺陷之后，创造了自己的人生奇迹。因此，不论我们遇到什么困难，我们都要拥有坚定的信念，给自己一股敢于向前的勇气。

　　在他们的故事中，打动我们的应该不只是他们抵达的高度，而更应该熟悉到"天生我材必有用"的意义。你可以远远超出自己人生现有的成果。我们不必奢望自己也能创造出像他们一样的人生奇迹，只要能够找回自信，冲破束缚，感动自己就可以了。

事实上，每个生存在世界上的人都有属于自己的存在价值，虽不是英雄，但也未必就是狗熊。正所谓"大材有大用，小材有小用"，最重要的是要懂得做最好的自己。

不要认为成不了大事就不算成功，将身边的小事做好也可以成就你的人生。一个人，能真心真意地做好一件事就是不寻常的，生命的价值不存在有用与没用的差别。更多时候，我们之所以感到迷惘、痛苦，是因为我们忽略了当下正在做的事情的价值和意义。

是因为我们自己先否定了自己，所以才不能突破自己。生活中，我们都在为自己画一个圆，然后跳进去，接下来就开始在这个圆里消耗我们的生命。时间久了，我们就认为生活的本质就应该是这样的，是毫无办法改变的。

当我们一不小心走到圈子边上时，就好比站在了悬崖峭壁上，不敢再向前跨一步。就这样，我们站在那里无奈地叹气摇头，又退回到自己厌烦的人生状态中。所有这一切，都是你缺乏向前走的勇气而造成的。只要我们坚信人生不可能走上绝路，总有一条路能通向目标，并勇敢地冲破束缚中的自己，我们就能获得成功，达到生命的新境界。

　　星星之火可以燎原，困难面前，勇气同样可以点燃希望之灯。你的思路决定了你的出路，你的心态决定了你做事的状态，只有勇于突破自我，拥有良好的心态才能获得不平凡的人生。

马太效应与逆境突破

1973 年，美国罗伯特·莫顿正式提出"马太效应"理论。它主要向我们概述了存在于当今社会中的一个普遍现象：好的越好，坏的越坏；多的越多，少的越少。在生活中，我们很容易陷入这样的恶性循环，也很容易进入这样的良性循环。

在《圣经》中，第二十五章中"马太福音"是这样写的，"凡有的，还要加给他叫他多余；没有的，连他所有的也要夺过来。"这就是马太效应的雏形，而《圣经》中的一个故事却让它积厚流光到现在。

一个国王要去远行，临走前，他交给三个仆人每人一锭银子，并吩咐他们："你们拿它去做生意，等我回来时，再来见我。"

过了很长一段时间，国王回来了。

第一个仆人告诉国王："主人，我已用你交给我的一锭银子赚了 10 锭。"于是国王奖励了他 10 座城邑。

第二个仆人说道："主人，我已用你给我的一锭银子赚了 5 锭。"于是国王就奖励了他 5 座城邑。

第三个仆人向国王汇报说："主人，我一直将你给我的一锭银子包在手巾里存着，生怕丢失，一直没有拿出来。"

于是，国王下令将第三个仆人的那锭银子赐给第一个仆人，并且说："凡是少的，就连他所有的，也要夺过来。凡是多的，还要给他，叫他多多益善。"

这个故事之所以能被广泛流传，在于它所包含的耐人寻味的道理。实际上，马太效应是个既有消极作用又有积极作用的社会心理现象。积极能让人交上好运，消极则会让一个人的处境越来越坏。

正所谓："一顺百顺事事顺，一损百损事事损。"如果一个人认为自己不完美，并对此一蹶不振，终日只知自怨自艾，并甘心安于现状，那么他所面临的处境可能就会越变越坏，甚至很可能陷入极度糟糕之中。反之，如果一个人处在良好的状态中，他的决心与信念就会大增，做起事情来也会很积极，从而得心应手，这种心态和做事方式会让他处于一帆风顺的状态中。

"天有不测风云，人有旦夕祸福。"人生就像天上的云一样变幻莫测，充满了不可预知的变化。任何人都不可能一辈子平平安安，也不可能一直都厄运连连。任何人都会面对人生的不同状态，或好或坏，或让自己感到惬意满足，或让自己进退两难、夜不能寐。人生的成败与自己目前所处的位置无关。因此，处在什么位置并不重要，自己是否拥有自我超越与勇于追求的勇气、决心和信念才是最关键的。

如果一个人相信自己的未来是美好的，或对未来的生活毫无信心与希望，那么，他的人生就会向着自己预想的地方一点点靠近。纵然自己的处境十分艰难，甚至身陷重围，前者仍旧会对未来充满希望并怀有热情，乐观地面对生活中的每一天，而后者的境况却会越变越糟。因此，只要我们坚定信念，敢于面对心灵的困惑，总有一天会和好运迎头相撞。

一个人心态的最好反映就是他目前的状态。当我们面对困难束手无策时，当我们在混乱的情感面前茫然不知所措时，我们就会感到悲观、绝望、放任自流。因此，现状每况愈下，越来越差，时间长了我们也开始慢慢适应这种状态。尽管我们也会在痛苦中挣扎，却很难再次突破已经习惯的内心瓶颈了。

当每个人认为自己不完美时，都会面对一个突破临界点，而勇于面对还是放任自流将决定你是否能逐渐改变面临的一切。

有一个人到野外探险，到处都是雪窖冰天，渺无人烟。一不小心，他掉进了一个冰洞里。

他用尽一切办法想从洞中爬出来，然而由于洞壁太滑，一点爬出去的希望也没有。但他没有放弃，他同时也理智地知道，如果一直这样爬下去除了消耗体力外毫无用途，除此之外在洞里呼救也是没有任何意义的。不过，他也很清楚，如果自己爬不出去只有死路一条。

生死关头，积极的人总是会不断寻找出路，消极的人则只会听天由命、坐以待毙。他猛然想起自己随身携带的行囊中有段绳子，于是马上把它拿出来。绳子一端有钩子，他想自己可以把它扔到洞外，也许会挂住什么东西，这样自己就可以顺着绳索爬上去了。

行动开始了。他一次又一次地将绳子扔出去，但绳索始终没有挂住。这难免让他有些绝望，或许自己真的要死在这里吧。但转念一想，与其这样活活地困死还不如做点什么。也许洞外有钩子可以挂住的东西，只是好运还没有降临罢了。想到这，他又开始行动了。

当自己无法看到希望时，很多人都会选择放弃。而他却一次又一次地重复着单调的动作，扔——拉——扔——拉——连续五天，他不断地重复着。因为他知道，这是自己活下来的唯一途径。

就这样到了第六天，他是真的失望了。尽管他还在不停地重复着扔——拉——但一切行为都显得那么机械。突然，钩子像是挂住了什么东西，他用力拉了拉，果不其然。失望中希望降临了，他眼睛里充满了激动的泪水，当时的心情难以用语言描述。

就这样，他顺利地爬出了冰洞。而此时，他最想知道的是，钩子到底钩住了什么？令他吃惊的是，在离洞口两米远的地方，一个拇指大小的小洞救了他。

　　面对这样小的机遇，很多人会选择放弃，只有极少数人在希望中坚持着自己的信念。对于认为自己不完美的人而言，逆境生存的智慧就是寻找这个距洞口两米远的小洞。要突破困境，就必须对自己充满决心和信念，只要自己坚定这份信念，就可以突破逆境的临界点。

积极的心理暗示

人的内心就像一片肥沃的土地，播种下什么样的种子，就会结出什么样的果实。佛说："一切话语都具有诅咒的力量。"坚信自己能成功，你就已经成功了一半；认定自己会失败，失败便已开始悄然降临。并且每一句话都会沉淀在自己心里，甚至成为潜意识。

在著名小说《最后一片叶子》中，有一个生命垂危的病人。他每天都躺在病床上，看着窗外一棵树的叶子在秋风中一片片落下，病人的身体越来越差，一天不如一天。

从病人的眼光中，人们看到的是一种无奈与失望。她说："当树叶全部掉光时，我的生命也就走到了尽头。相信这一天离我已经不是很遥远了。"

一位画家得知后，用彩笔画了一片叶脉清脆的树叶挂在树枝上。就这样，最后一片叶子始终没有落下。病人因为这片叶子的存在，竟然奇迹般地活了下来。

心理暗示是人的本能，同时也是人们一种无意识的自我保护能力。当人们处于危险境地时，会根据以往形成的经验，捕获环境中的蛛丝马迹，来迅速作出判断。同时，暗示还会对我们的内心产生正面或负面的影响，就像戴在头上的金箍一样，一旦自己的思维和行为超出了意识的底线，可能就会感到紧张、焦虑、惊恐。

研究发现，心理暗示对人的情绪会产生巨大影响。那么什么是心理暗示呢？它又会对我们的行为产生哪些影响呢？心理学家巴甫洛夫认为：暗示是人类最简单、最典型的前提反射。现代心理学认为：心理暗示是一种被主观意愿肯定的假设，尽管这种假设不一定有根据，但因为主观上已肯定了它的存在，心理上便竭力趋向于这项内容。

第二次世界大战期间，纳粹德国曾做过一个残酷的实验。研究员将一个战俘的眼睛蒙上，并将他的四肢捆绑住，然后研究员告诉他要抽完他的血进行实验！

被蒙上双眼的战俘在一间安静的屋子里，除了听到血滴进容器中的嗒嗒声外，什么也听不到。没过多久，这个战俘就在一阵哀号后气绝身亡了。

事实上，研究员并没有抽他的血，战俘所听到的滴答声不过是他们特地模拟出来的。既然如此，到底是什么导致战俘死亡的呢？

是心理暗示——"抽血"的心理暗示，这是导致战俘死亡的真正原因。当他听到血流出来的声音以后，内心就产生了极度的恐惧，以致肾上腺素急剧分泌，从而导致心血管发生障碍，心功能衰竭而死。

暗示只需要提示，不需要讲道理。

在生活中，我们每时每刻都在接收着外界的暗示。比如，商场里摆放的穿戴服装的塑料模特，就是在对你暗示"这件衣服多漂亮呀，快来买吧"；当看见别人在商场里选购衣服时，你又获得了一种行为暗示；当购买者将刚买的衣服穿上，并喜形于色时，又会对你形成表情暗示；假如他对所买的衣服赞不绝口，这又给你传递了语言暗示。

英国心理小说《新鲜空气》中讲述了这样一个故事：

主人公威尔逊非常喜欢呼吸窗外的新鲜空气。一年冬天，他到芬兰，住在一家高级旅馆里。那是个奇冷无比的冬天，为了避免寒流，窗子都关得非常严实。尽管门窗紧闭，但整个房间里还是让人感到很惬意。不过威尔逊一想到新鲜的空气丝毫都透不进来时，就觉得浑身别扭，晚上睡觉也总是辗转难眠。最后，他实在是无法忍受了，便捡起一只皮鞋朝一块玻璃样的东西砸去，听到了玻璃碎了的声音后，他才安然地进入梦乡。第二天醒来，他发现窗子完好无损，而墙上的镜子却被他砸了个七零八落。

虽然这只是小说中的内容，但现实生活中，这样的例子也比比皆是。人们为了追求成功和逃避痛苦，会不自觉地使用各种暗示的方法，好比困难临头时，人们会互相安慰："就快过去了，就快过去了。"从而将痛苦的程度降低。

人们总是会不自觉地进行暗示活动。不过，暗示是有积极和消极之分的，积极、乐观、自信的心态会让人得到击败困难、不断进取的勇气；消极的心态，则会使人变得冷淡、泄气、退缩、萎靡不振。

将同样一件事情，交给两个心态完全不同的人去做，得到的结果会大相径庭。

心态消极的人遇到一点障碍就会表现得顾虑重重，甚至开始怀疑自己的能力；遇到一点难题就马上变得灰心丧气，失去决心、信念和判断。他们总是被问题牵着鼻子走，直到问题越来越多，自己的处境越来越危险，才宣告任务"流产"。

而心态积极的人，会认为工作中出点问题在所难免，只要想办法、肯努力，一定会使问题得到妥善的解决。通常他们都非常自信，即使遇到困难，他们也绝不会怀疑自己的能力。让我们想想现实中的自己，究竟该属于哪一类人呢？消极的心理暗示是否控制着自己，是否整个人就像被戴上了一个金箍，始终没有勇气突破意识中已经习惯化了的消极、自卑？真正能够击垮你的人往往是你自己。

如果你正面对这一现状，逆境生存的智慧能够帮助你的就是告诉你如何让自己永远积极，如何用积极的暗示鼓励自己。不论是在工作中，还是在生活中，我们都要学会对自己说："我是最好的""我是最棒的！"生病时告诉自己"没什么大不了的，我身体很棒"；失败时，告诉自己"不要怕，一切都将过去，明天又是一个艳阳天"。

用积极代替消极

"跟我走吧，心不要害怕。有一个地方，那就是快乐老家。"缓解压力，走出情绪低谷，让你的心情快乐起来。"我们"应该是快乐的天使，而不是忧郁的可怜虫。来吧，调整好你的情绪，让我们一起去寻找工作中的"快乐老家"。

不让工作追着跑，发挥个性，张扬本色。

工作步调不断加快，得失之间也变得鲜明无比，情绪的变化常让自己搞得头昏脑晕，稍有心态调整不当，就有可能落入情绪忧郁的恶性循环中。在自己工作情绪不好时，你可以通过各种方法来排除它，跑到室外用自己不满的拳头在受气包上、在墙壁上、在小树上肆意打上几拳，你的心情肯定会变得好起来。可以把自己的得失与朋友倾诉，特别是在坏情绪降临心头时，可以先做做深呼吸、伸伸懒腰，再去找一位知心朋友随便聊聊天，聊天之后你的低落情绪就会不知不觉地被迅速消除掉。多想想自己成功或者美好的时光，回忆过去的辉煌以及别人对自己的赞美，可以改善心中的郁闷。听听自己喜欢的音乐，也是放松自己有效的方法，轻松、明快的乐曲总能带自己到"快乐老家"。不管情绪有多不好，只要听一下自己喜欢的曲子，顿时就能神清气爽。想办法暂时告别工作中的压力，轻松轻松，不仅便于自己发现生活的乐趣，也能为再次做好工作鼓足干劲。

努力让环境"新鲜"

陌生的工作环境可以让自己感到好奇、兴奋、新鲜，什么事情都要跃跃欲试，不过逐渐熟悉了工作环境之后，这些心态将渐渐离自己远去，更多体验的是谨慎、见怪不怪、程序化地完成工作任务。长此以往，工作积极性自然下降。为此，你可以想办法为自己创造各种"陌生"环境，让自己好奇、兴奋、新鲜的心态永远存在，让自己感到永远"实在"；除了工作环境，你可以去外部开辟学习充电的各种不同环境，为自己的进一步发展"充电加油"，比方说积极参加单位或者社会的相关培训，努力争取在各种场合结识专业人士等。

合理调配"自我"

善于安排个人精力的人总是感觉到生活是轻松的，工作是愉快的。为了达到这种境界，你应该对所有的工作都做好计划，并在规定的时间内完成。工作结束后，要充分利用自己的闲暇时间，切忌将工作带回家做。对于个人的进展应该定期进行"标记"，以便让自己明白，目前已经完成了什么，还有什么工作没有完成；对没有完成的任务，应该规划好完成的时间，并在某段时间，合理分配自己的精力，从而使工作、学习、生活、娱乐尽量做到面面俱到，而且能够很好地自我循环，自我提升。

找出压力的根源

工作中的压力是每个人都会有的，但最主要的一点就是你能否适应这份工作。如果适应的话，那么工作中的压力就是自己进步的动力，你会很从容地去面对，找出压力根源所在：如果是知识欠缺，那么你就去给大脑充电；如果是人际关系等其他方面。那么你就向有经验的人去学习，多找公司的同事谈心，其实有些事情在大家开诚布公的"谈"中也就解决了！当然压力的来源很多，但最主要的是自己永远有颗自信的心！

同事是最好的"减压"医生

在工作中难免会遇到这样或那样的事情，每当你遇到类似的问题，并因此而产生了无形的心理压力时，你就找单位上关系好的同事进行倾诉。因为，这时对自己知根知底的同事，往往最能客观地"对症下药"。

不会改变难成功

做个小测试，请你快速说出 2+3×4= ？如果你的回答是20，我会用微笑的眼睛看着你。此时，只要你稍加思索，就会知道自己的答案是错的，谜底揭晓应该是14。这么简单的问题，为什么会回答错呢？这就是藏在你头脑中的思维定式在作怪。

美国作家斯宾塞·约翰逊的这本《谁动了我的奶酪》绝对是一本畅销书，并一度风靡全球，书里用一个很出色的故事向我们阐释了这个时代的变化。

作者在书中的序言部分写道：

再完美的计划也时常遭遇不测

生活并不是笔纵贯畅的走廊

让我们轻松安闲地在其中旅行

生活是一座迷宫

我们必须从中找到自己的出路

我们时常会陷入迷茫

在死胡同中搜寻

但假如我们始终深信不疑

有扇门就会向我们打开

它也许不是我们曾经想到的那一扇门

但我们终极将会发现

它是一扇有益之门

一切都会在我们的不经意间发生变化，而我们却固守在一种思维模式中。面对变化，很多时候我们都无能为力，如果我们不改变，就会在变化中被抛弃。如果我们总是用陈旧的观念去应对外在的变化，人生很多美好的事情都将与我们擦肩而过。

经研究发现，人的思维是有惯性的。每个人都有属于自己的生活经历和实践经验，这些经历和经验会影响我们的思维方式。生活中每个人都会受到它的限制。从小到大，每个人都有着自己特定的生活经验：家庭环境、父母的性格、成长的地方以及文化风俗都将影响你未来的思索判断。

尽管每个人所拥有的思维定式不同，但相对而言，思维定式却是一个十分普遍的现象。所谓思维定式，就是一种习惯转化成了思维模式，它主要是指人们熟悉事物时会有预备的、带倾向性的心理状态去分析问题和解决问题。

忙碌的生产车间里人来人往，老板也来到这里，亲自查看产品的出产情况。因为产品适销对路，销售部对产品的需求量越来越大，而这也成了老板最关心的问题。为了使产品的质量得到进步，近来他频繁地到车间查看。

一次，查看完出产情况，在临走之前，他在生产部的公告栏上写下这样一句话："今天，梁睿所负责的出产线最好，出产产品400件。"事隔三天后，他又在公告栏上写下一句话：

"今天，安娜所负责的出产线最好，出产产品480件。"

就这样，一个月下来，车间出产的产品总量竟比平时多出了3万件。不仅满足了市场部对产品的需求，还使整个生产车间，你追我赶，相互竞争较量，个个都精神饱满，一脸不服输的样子。

在这个故事中，聪明的老板就成功运用了一个心理学方法——心理暗示法。他留下那句话，就是在暗示出产部的其他员工，你做得还不够好哦，都应该像出产产品最多的人看齐。从另一个角度来看，相信出产部的其他人都有了一定的心理压力，于是你争我赶的局面也就一天天地形成了。在生活中，很多人都习惯顺着思维定式思索问题，并认为这是最公道的判定方式。直到思维定式让自己陷入困境时，我们才会对自己的行为及思索问题的方法进行反思。当然，思维定式不一定都是坏的，它既有负性的一面，也具有非常积极的意义。更准确地说思维定式是动态的、辩证的。

不会变通难成功。如果用负面的思维定式指导通往成功的道路，成功必定会与我们背道而行越来越远。此时，我们需要的不是努力、奋斗、坚持，而是冲出思维定式的束缚，改变自己的思维方式，从而踏上正确的道路。

很多人认为工作不过就是为了拿到一份不错的工资，只要完成工作任务老板就会高兴、满足，拥有足够的物质生活就是成功，获得更多的利益就是幸福。这些都是负面思维定式。如果不能对此类错误及时做出改正，我们便常常会与成功打擦边球，如果不能及时地对这样的错误思维定式做出改变，我们就只能对成功望洋兴叹。

大多数现代人都渴望成功，追求幸福，但更多时候都在逆境中挣扎，痛苦中呻吟。随着生活水平的不断提高，人们心中的幸福感却并未随之水涨船高，而是感觉生活变得越发烦恼，压力也开始越来越大，人生越来越没有意义，思维也逐渐变得堕落。

到底是什么使我们陷入了这样的困境？我们的出路在哪里？成功的意义又是什么？真正的幸福在哪里如何寻找？但是，面对这些问题却很少有人能给出让自己满意的回答。

当下，不少人被物质束缚，被利益腐化，在他们眼中，成功就是拥有比别人更多的物质，让自己获得比他人更多的利益就是幸福。为了达成这个目标，他们不停地追逐着、忙碌着，甚至还会在某些时候使用过分的方法或手段，并认为这是理所当然的生存法则。

什么才是成功？难道通过非法手段获得暴利就是成功吗？什么是幸福？难道终日为物质奔波为利益烦恼，就是幸福吗？尽管很多人从内心反对这种做法，但现实中又有多少人无奈地走向这条道路？当很多人都心甘情愿地把错误当成真理，把误区当作坦途时，思维定式就具有了不可逆转的力量。

　　我们应该打破这种思维定式的束缚，这时逆境生存的智慧就会告诫我们：习以为常的不一定是准确的，大家都在向往和追求的不一定就是自己想得到的。我们要学会理性地反思，在通往成功的道路上，杜绝盲目的跟从，更不能人云亦云、随波逐流。成功本无路，因此我们要学会改变，及时对现状做出准确的判定和调整，避免错误的发生。

给自己找一个目标

人的一生不是一成不变的，既成的生活并不一定保持一辈子。总会有那么一天，有些躺在海底的鱼会发现哪里有些不对劲儿，游到亮一点的地方，才发现自己不是一条比目鱼，而是一条鳟鱼——一条已经变老、身上再没有光泽的鳟鱼，而之前一直以为自己是条比目鱼。

几年前，我认识了一位母亲，那时恰是她人生中最为失意的时候。

当时这位母亲已经结婚几年了，两个孩子已经在读小学，她丈夫是个平凡的上班族，由于要照顾孩子，她一直都是在家里当家庭主妇。

这位母亲的生活很平淡，她丈夫当初就是看上她守得住这份平淡才娶了她。她也没有辜负丈夫的期望，将家里打点得很好，做丈夫的贤内助，一直在后面默默地支持丈夫的事业。

一个周末，她闲来无事，正好孩子们也不需要去学校，便带着孩子们去逛街，恰巧碰到谎称加班的丈夫，那时她丈夫怀里正搂着一位年轻漂亮的少女，在大街上卿卿我我。那时她才知道，她所要的平淡的幸福丈夫并没有给她，那只是她自认为的幸福。

当时她并没有说什么，也没有上去和丈夫打招呼，只是拽着孩子悄悄走开了。"生活本就平淡，要生活的人为何耐不住这份平淡呢？自己辛苦经营着的家庭随时都可能破裂。"她边走边想。

回到家里，她的心情渐渐恢复过来。仔细分析当时的心情时，她竟意外地发现，除了被背叛的愤怒，还有一丝轻松的感觉，她对这感觉十分纳闷。当天，丈夫深夜才回家，她只是安静地躺在床上，像往常一样说了一些关心的话，而对今天看到的事情只字未提。

这一晚，她想了很多。

她是个简单的女人，是个没有过多奢求的妻子，对生活的一切她都能接受。她自认是个再平凡不过的女人，不奢求什么，只想要拥有一个简单幸福的家庭，为什么这样一个小愿望都无法实现？

当自问为什么感觉轻松时，她有种预感，预感着丈夫外面有情人，只是无法证实，现在终于水落石出了，有了结果，不管怎样的结果，总会给人一种轻松感。他们夫妻之间的感情一直淡如白开水，每天的生活都像在套公式，别说本不能承受单调的丈夫受不了，连她自己也快受不了了，但是，这又能怪谁呢？

第二天，她送孩子去上学后就回娘家去散心。

回到娘家，进入熟悉的房间，顿生许多感慨。吃饭时候，一家人老老小小聚在一起，天南地北地聊，话题很少离开过吃喝玩乐、左邻右舍、社会版头条新闻，还有对人生的种种不满。

以前，这些对她来说都是温馨的画面，那天却让她纳闷起来——为什么这一切从未改变？面前的这些人始终在担心着同样的问题：今天要吃什么？明天做什么？后天谈什么？

家人聊天时，大家又挑起她小时候的糗事来取乐，说她如何爱做计划，有周计划、月计划、年计划，而且年年翻新，月月不同，日日各异，不过，只是看到她的计划表，没有看到计划表里计划好的结果。高中毕业后，家里聊天的话题变了，所有话题差不多都是绕着重考和工作在打转，这也是亲戚们很爱翻出来取乐的。

"去看书！"他们学她母亲的口吻说。

"哎哟，看过了呀——"母亲最爱形容她如何嘟起嘴来诉苦，其他人也学会她说话的口气了："看了足足两个小时，累死了。"

"你太懒了，怎么会有大学要你呢？稍微勤快点儿，就不至于像现在这样。去工作吧！"母亲装模作样地增补着。

"什么工作适合不想念书的懒人？"

大家笑成一团："有啦，有啦，月入数十万，轻松不流汗！"连开的玩笑也都是重复着以前说过的话。

现在回想起那段时光，虽然精神上有些苦闷，但是家庭给予的温暖足以抵消学业和工作带来的苦闷，只要装出一副受伤害的弱者形象，就不会有人再嘲笑她，如果有人敢冒这个天下之大不韪，就会招来大家的一致责备。

她也出去认真找过工作，不过都觉得太累，又回家待起来了。

"现在社会上神经病多了去了……她年纪这么小，再加上是个女孩子，工作中就很容易被别人欺负，要是念书就好了。"母亲说。

"念了书还不是在家里带孩子，专心专意做家庭主妇？反正老公也不错嘛，在家里当少奶奶不也很好？"

她听着大家谈论自己已经逝去的幸福，不再是温馨感，而是有些尴尬。她自己知道，只要她再扮演一次弱者，所有的人还是都会为她打抱不平，但她没有。

生活如此，且无止境地轮回，时间，更是时不我待，转眼即逝。只要她再次决定沉溺于这个轮回，再过几十年，她的后半辈子也不外是别人茶余饭后的笑料。

快 40 岁了的她才发现自己一直在随波逐流，也就在这一天，她看到了自己其实不是一条比目鱼，而是一条鳟鱼。

有人曾拿鳟鱼和比目鱼比喻主动与被动。主动的人主导生活的发展，被动的人漫无目的地等待生活发生在自己身上。鳟鱼力争上游，为着理想而努力；比目鱼则每天赖在深海底，随波逐流，等着上层水面掉下来浮游生物，然后捡来填饱肚子。

事实上，我们身旁有很多鳟鱼，也有很多比目鱼。无论是属于哪种鱼，生活总得继续。

当你改变现在的生活，改变自己，让属于自己的一切变得更精彩时，也许会有比目鱼劝你："不要想太多啦，单纯一点活得下去。追求越多，烦恼就越多，生活不就是图个快乐幸福吗，只要有颗自足的心。"于是，许多不知名的鱼也会加入这种浊流，徐徐埋入深海里不再去想更好的生活，也懒得去改变自己了。

要浪费生命，实在很容易。时间对于比目鱼来说，那多得是，只要把时间看成一剂良药，所有一切都会过去。

不抱怨的世界
拥抱生命中的不完美

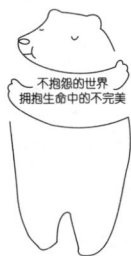

第三章　婚姻不完美，是因为不懂珍惜

　　失恋了、被甩了、离婚了，为什么受伤的总是我？很多人找对象时高不成、低不就，总想等一个完美无缺的真命天子，结果等来等去人老珠黄。好不容易结婚了，婚姻生活又不如想象中那么美好。当花前月下变成了锅碗瓢盆、鸡毛蒜皮，争吵就成了家常便饭。婚姻不完美，或许是因为没有缘分，但更多的是因为你没有好好珍惜。

爱中的误会

爱最常见，爱也是我们最常听到的话题，但爱这个字并不是说的人都理解了它。爱是被误解最深的一个字。

第一，是依赖还是爱？

一个男人经常因公出差，每次出差在外总会接到女朋友的电话："你现在好不好啊？有没有想我啊？"如果他回答说"好，很好"，女友就很伤心："你一个人都这么开心，要我做什么啊！"他非常困惑："难道你就希望我在外很糟糕吗？"

人们经常错把依赖当成爱，把爱错误地理解为就是两个人卿卿我我，谁也离不开谁。当其中之一看到另一个人没有自己也可以快乐地生活时，就会困惑，觉得对方可能不爱自己了。这种人一般不能独立快乐地生存下去——因为那其实不是爱，而是依赖。真正的爱是自由的，对方自由，自己也自由，没有依赖。就像非马的诗歌：

打开笼门

让鸟儿飞走

把自由还给

鸟笼

如果鸟笼没有笼门，笼门上没有锁，鸟笼就不再是囚禁鸟儿的笼子，而是鸟巢了。鸟儿栖身的地方是鸟巢，而不是鸟笼。爱情如果没有依赖就像没有笼门和笼锁的鸟笼，其实是鸟巢。

第二，是爱自己还是爱别人？

热恋中的人都遇到过这样的情况：发一条短信给自己的恋人，说"我好爱你！"但是，一分钟过去了，没有回复；两分钟过去了，还是没有回复；半小时过去了，如果还是没有回复，自己就开始着急了："难道他不爱我了？难道他在跟其他人鬼混？"各种猜测不断涌入脑袋，于是就不再等信息，改为打电话……

这个信息不是在表达自己多么爱着他，因为表达爱不会焦虑。自己告诉他是多么爱他，也要收到他的爱情诺言才觉得满意，其实这是爱自己，而不是爱别人，是把爱自己当成了爱别人。

在热恋的人中常会听到这句话："我对你这么好，你却不听我的话？你对我一点儿都不好。"父母们也常会对子女们说："我这样做是为了你，你却让我这么伤心。"这些话听上去好像是在表达爱，其实是要求和责备。背后的意思就是："我对你好，你就得听我的话！""我是为了你，你就得听我的话。"这其实就是打着爱的旗号索取。

第三，是喜欢还是爱？

如果孩子考试考得好，父母会很高兴，可能会对孩子说："这次你考得这么好，妈妈好爱你啊！"下次当他考得不好时，父母又会生气地说："这次怎么考得这么差，妈妈不喜欢你了！"甚至可能还在孩子屁股上打几下。

这就会在孩子心里形成一个观念：爸爸妈妈不是爱我，是爱我的分数。此时孩子就混淆了喜欢和爱这两个概念。

喜欢和爱的区别在于：喜欢是指向行为的，爱则是指向人本身。不是所有行为都值得喜欢，却是所有人都可爱，不管他们的爱来自哪里。

俗话说"对事不对人"，你可以不喜欢朋友抽烟，不喜欢他们的某些想法，你可以讨厌他们的行为，但这并不影响你对这个人的爱。

人们每天都会提到爱。可是对于爱，我们又知道多少呢？当感到自己在"爱"的时候，仔细想想，那是不是真的爱呢？

宽容成就幸福婚姻

由于生活环境的原因，婚姻难免会出现矛盾。对于夫妻双方来说，既可以被环境制约，也可以将环境改变。故夫妻间要学会经常沟通，经常交流，互相理解，互相宽容，在爱的细节中，营造一份爱的浪漫，构筑一份爱的永恒。

婚姻就像两个人在跳双人舞，一个人无法跳探戈。婚姻是两个人的，甚至还有新的生命延续。两个原生的家庭必然有两种不同的文化，这就需要一种新的平衡。如果说爱情需要浪漫，那么婚姻就需要一种责任和宽容。假如一直停留在争吵、分离、对抗之中，那么，婚姻就成了爱情的"情敌"。

小芬有个毛病，从小就不能吃葱蒜、辣椒和芹菜类蔬菜，一吃就反胃。但是，每次炒菜之前，她总要先切上一碟辣椒、姜丝拌蒜泥，再往上浇半勺子滚烫的花生油，因为这是丈夫喜欢吃的。她很乐意地做着这一切，甚至把它当成一种享受。

丈夫从来不进厨房，至今还不太会用电饭煲煮饭。但他只要一闻到厨房里飘出来的香味，便会不由自主地把一个酒杯摆在餐桌上，然后看看酒瓶里的酒还有多少，再坐下来看电视。

等菜都端上了餐桌，丈夫会为小芬斟上小半杯酒，说声"你辛苦了"，再尽情地享受桌上的美味佳肴。而小芬呢，则独自慢慢地品尝着杯中美酒，满眼含笑地看着丈夫宛如贪吃的孩子般狼吞虎咽，往往是她的杯中酒还没喝完，他已经饭饱菜足放下碗筷了。

酒足饭饱之后，丈夫总是叹息着说："小葱大蒜有营养，开胃强身保健康。这么香脆的菜你都不吃，这才叫不会享受呢。"

每到这个时候，小芬则笑眯眯地摇头，反驳他说："呵呵，老公，这么醇厚的酒，你也学着喝吧，人生得意须尽欢，这就叫享受生活，懂吗？"

向来温柔的小芬也会发牢骚，因为相处的日子久了总有烦的时候。烦恼到了顶，她会骂："就知道吃！我为你做了一辈子的保姆，什么时候你能做一餐像样的饭菜给我吃。"面对小芬的抱怨，丈夫也不甘示弱，往往针尖对麦芒："你会什么，不也就知道喝？"

于是有了战争，家里开始乌云汇聚，原本和谐的气氛一扫而空。

由于心情不佳，丈夫的大男子主义日益渐长：吃了饭不洗碗，胡子一把不刮，鞋袜随处乱丢，吞云吐雾烟雾缭绕。而小芬也不再装淑女样，一气就破口大骂，直至扔了袜子，踩了烟头，摔了书报，值钱的东西还是舍不得摔，直至摔门而去。

于是，此后的日子里，家里似乎成了硝烟弥漫的战场。小芬经常以泪洗面，他们的婚姻，几乎走到了崩溃的边缘。

终于有一天，小芬病倒了，躺在床上不能动弹。

丈夫急得眼睛都红了，之前的争吵早就抛到了九霄云外。他拉着小芬的手，轻声地问："你想吃什么，告诉我，我帮你弄去。"

想起丈夫的笨手笨脚，小芬苦笑："你会吗？"

"我会，我这就去。"他说着话，急忙奔进厨房。

丈夫本来想给小芬弄碗鸡蛋面的，手背被油烫了几个红点不说，面还弄糊了，尝一下还很苦，原来是盐放多了。无奈之下，他悄悄到家对门那家餐馆弄了一碗牛肉面端给妻子，并赔着小心说："不是我自己做的，我做不好……"

小芬的泪花就打转转了，说"我知道，你有这份心就够了。"

过了两天，小芬的身体康复了，他们又恢复了以往的日子。他们的生活，就这样平平淡淡、从从容容地过着。他们的年纪渐渐大了。但是，每天饭前，他还是习惯性地为她斟上一杯酒。而家中的冰箱里，永远都放有他爱吃的大蒜。

他们的爱情，就像他们餐桌上的菜肴，淡而有味。

夫妻在这漫长人生路上，唯有懂得宽容，才能携手走过每一步。请学会宽容吧——宽容婚姻中不完美之处，宽容你的伴侣不能时时处处契合你的心意，宽容你的伴侣所犯的过错，宽容对待你们之间的一个又一个的分歧。执手，让时间过，让岁月老，执子之手，与子偕老。执子之手，生死两忘。把夫妻两颗真心放在手中，携手走过一生一世的灿烂。

夫妻感情随时"补充营养"

年轻人谈恋爱时，为了取悦对方，自然有说不尽的甜言蜜语。然而结婚后，女方有了归宿，男方有了媳妇，有些人就"返璞归真"了，说出的话平平淡淡、没有半点激情。"返璞归真"可以，但夫妻间的"感情保养"不能丢弃。

婚姻需要感情来维持，而充满爱意的话语是夫妻感情的润滑剂。夫妻之间的情爱语言虽不如恋人之间的语言那样浓烈，但却如陈年老酒，甘甜醇美，回味悠长。

因此，甜言蜜语在夫妻之间不是"过去式"，而始终是"现在式"。老太太哪怕对丈夫随便来一句："老头子，你来！"也可以说得情真意切。处于人生青春期的小夫妻，更要用言语时时温暖对方，多说说"我爱你""你真好看""你今天好精神""夫人，你辛苦了，看这段时间我挺忙，你又带孩子又操劳家务，真不容易！"……

这些话说得好，肯定会使对方心满意足。

与此相反，有些嘴巴尖利的妻子，总是位居高台，颐指气使地斥责男人，把男人贬得一文不值："我瞧见你就来气，当初嫁给你真是瞎了眼了！"而有些丈夫也喜欢用"爷们儿"的口气："媳妇儿，怎么还没做好饭?!都要累死我了，你干事总是这么慢，找你我辈子可真是倒了大霉了！"如果夫妻两人都这么说话，家庭"战争"肯定不可避免。

为什么有的夫妻恩恩爱爱，有的夫妻却整天怄气？这里面的原因固然很多，但是，对夫妻感情随时进行"保鲜"也是一个重要方面。

就像人饿了需要补充营养一样，每个家庭，每对夫妻也都需要"心理营养"。这些"心理营养"包括被爱，被肯定，被理解，被尊重，被赞扬，被关注，被信任，被宽容等。失去这些营养，爱情就会枯萎，婚姻也将名存实亡。

有一对70多岁的老夫妻，他们俩人这一辈子从来没红过脸，没吵过嘴，听起来真有些让人不敢相信，因为在大家的观念中，夫妻之间哪有一辈子都没有磕磕碰碰的？但老爷子的一席话道出其中缘由："本来嘛，俩人做夫妻，就是一种缘。我不信佛，可我还是相信人和人之间还是有缘分的。夫妻之间究竟是吵吵闹闹，还是和和美美，我看主要是在'话'上。同样是说话，可以这样说，也可以那样说，你说话难听，我说话比你还难听，这就肯定要吵架了；反过来说，你敬我一尺，我敬你一丈，人心都是肉长的，有话好好说，肯定吵不起来。"

相信"缘分"，珍惜"缘分"，这也是他们两口子和和美美的法宝。

当爱情之舟驶入婚姻的港湾之后，轰轰烈烈的爱情归于平淡温馨的家庭生活。夫妻之间虽说不再把"我爱你"之类的词语总挂在嘴边，但也没有必要把这些话束之高阁。在某些时刻，一句深情的"我爱你"会勾起对方的美好回忆，在彼此的心中激起爱的涟漪。这对于加深夫妻感情是大有益处的。

有一对中年夫妻，彼此的工作都很忙，平时交谈的机会不多。可是每逢晚上下班回家或休息日的时候，总要说一些情爱话题。共同看电视剧，看到剧情中男女的恋爱情节时，经常一同回忆他们相恋的时光，说些过去甜蜜的经历。每逢对方的生日和共同的纪念日还举行一些小活动，共度欢乐时光，以此加深夫妻间的感情。

十几年下来，夫妻间的感情愈加深厚了。

婚姻生活就像夫妻俩共同栽下的一棵树，它不是只要种下去就会长好，还需要不断浇水、施肥，才能根深叶茂。夫妻感情随时"保鲜"并不是多余的，它可以给平淡的生活激起一串串五彩的浪花。但现实生活中却有许多人忽略了这一点，于是感到婚后的日子平淡无奇，少了激情，更有甚者陷入情感危机。其实有时候，一句直抒爱意的"我爱你"，分别时候的一句"我想你"，对你来说可能只是"张'口'之劳"，可对方却是倍感温馨。所以千万不要吝惜你的甜言蜜语，给夫妻感情"保保鲜"吧，它会使你的婚姻生活更甜蜜。

做好婚姻这道调味菜

夫妻生活就像一道调味菜，要咸淡相宜才好，调料也要放的恰到好处。太咸则难以下咽，太淡又没有味道。具体来说，夫妻在生活中一定要注意以下六点：

1. 多一点实在，少一些虚假

对于这一点，新婚夫妻尤应注意。婚前情侣习惯于花前月下的卿卿我我，信誓旦旦。婚后情况有了变化，夫妻间甜蜜的语言，亲昵的动作虽对调解夫妻关系十分必要，但掌握不好，有时也会事与愿违，适得其反。

例如，丈夫对妻子说："这部电影不错，今晚咱们一块儿去看好吗？"这句实在的话语，会使妻子感到丈夫很关心她。如果丈夫对妻子说："亲爱的，这部电影你一定喜欢的，能让我陪你去看吗？"就容易让妻子觉得丈夫自己想看，却故意卖乖。如果夫妻关系紧张，这样做只能让妻子觉得丈夫油嘴滑舌，虚情假意。

2. 多一些商量，少一些命令

这种事情在生活中是常有的，如"去买瓶酱油来"或"把房间打扫一下"，这种命令式的语言毫无商量之意，只有理所当然之感。过多地这样做，容易引起不良后果，尤其在对方情绪不佳时，听起来不顺耳，甚至成为发生口角的导火线。如果多商量少命令就可以避免这种情况发生。如果换成"能抽时间去买瓶酱油吗""一会儿打扫一下房间好吗"，这样说就顺耳多了。即使对方手中正忙着什么，也会愉快地应允的。

3．多一些宽容，少一些指责

夫妻在日常生活中总会有一些使对方不满意的地方，在这种情况下，另一方应以"恋人的心肠"加以宽容，少加指责。

例如，丈夫对妻子说："汤怎么这么咸？跟你不知说过多少回了，没记性！"妻子忙碌了半天，不图夸赞，但也不愿意得到指责。如果说，妻子也马上回敬："怕咸你自己做，以后没人给你做！""多稀罕！少你还不吃饭了？"……你来言，我去语，一顿饭弄得举家不欢。如果丈夫笑眯眯地对妻子说："是不是咸了些，再加点水好吗？""唉，盐又放多了！"一切风波不但避免了，而且还提醒了对方以后不再多放盐了。

4．多一些安慰，少一些嘲讽

夫妻间任何一方在生活中都难免遭到意外或不幸，在工作中难免会受到挫折。这时对方的安慰和鼓励就十分重要了，它能给人勇气和力量。

比如，丈夫把自行车丢了，十分焦急懊恼。这时，妻子安慰说："不要急，去派出所挂失一下，也许会找到，实在找不到，就用我那辆，反正我离单位近。"丈夫听了，觉得妻子通情达理，自然宽心。如果妻子这时数落说："瞧你这出息，怎么没把你自己丢了呢?!"丈夫本来懊恼不已,妻子又火上浇油,不免引起唇枪舌剑,大闹一场。

5. 多一些信任,少一些猜疑

信任是感情的基础,夫妻一旦失去信任感,必然会给幸福的生活带来危机。

比如,妻子让丈夫在家晒晒棉衣,下班回来一看,无晒过的迹象,便问丈夫:"你今天怎么没晒衣服呢?"丈夫忙了一天,已把晒好的棉衣叠好放进衣柜了,原以为妻子会夸上几句,听了这话感到妻子不信任他,故生硬地说:"你怎么知道我没晒?""怎么啦?吃错药啦?我不过问问,你火啥呀?"妻子觉得委屈。"没怎么,既然不信任人,以后自己干!"至此,夫妻间的对话不过两个回合,可火药味已经很浓了。这完全是不信任造成的。如果妻子换一句:"衣服晒过了吧?"丈夫将会应声答道:"嗯!已经叠好放进衣柜里了。"这样,不但询问的目的达到了,而且也不会引起不快。

6. 多一些忍让,少一些挑剔

夫妻之间在日常生活中,难免会有不顺心的时候,如果一方在外面遇到气恼的事失去心理平衡,回家向对方发泄,那么你一定要谅解,千万不要挑剔对方说话言辞不当等等。

例如:妻子对丈夫说:"我希望你不要把臭袜子乱扔,讨厌!"这时,丈夫发现妻子脸色不对,应这样说:"行,你说得对，这坏习惯我一定改。"如果丈夫针锋相对："你在跟谁说话？也不先瞧瞧你那脏透了的梳子，恶心！"如此你来我去，不难想象。若没有一方及时退出"战斗"，这场对话的结局将是不幸的。

当然，夫妻间要注意的方面很多，但只要我们以诚相待，注意各自修养，讲究交谈艺术，就能使夫妻生活更加幸福美满。

婚姻这道调味菜，要想吃得可口，夫妻间就应该坦诚相处，做到互敬互爱，相互关照，身心相融，这样比赠送礼物更令人高兴。夫妻间多一些爱意，少一些冷漠；多一些理解，少一些埋怨；多一些信任，少一些猜疑；多一些服务，少一些支使；多一些参与，少一些旁观；多一些协商，少一些专断；多一些关心，少一些责怪；多一些倾吐，少一些封闭；多一些空间，少一些羁绊，使夫妻的爱意越来越浓，情感越来越深。在夫妻生活中，最令人动情的往往不是那些豪言壮语，夸夸其谈，而是来自感情深处的爱之细节。夫妻间要经常交流，彼此感到"我们在共同分享生活内容"，从而促进情感发展。

争吵有"度"，和好有方

结婚过日子，离不开锅碗瓢盆、油盐酱醋，在琐碎的生活中，夫妻间难免发生争吵。即使是最恩爱的夫妻，也不能幸免。一般口角，吵过之后也就完了。但是，如果争吵起来不加控制就可能激化矛盾，引出意想不到的后果。

所以，夫妻争吵必须控制好"度"，即使在最冲动的情况下也不要丧失理智。同时，争吵结束后，还要想办法去"善后"——主动和好。这里要注意以下几点：

争吵要适可而止

夫妻吵架虽然难以避免，但却要适可而止，不能激化矛盾，把"家庭战争"扩大化。具体来说，争吵中的忌讳有以下几点：

1. 千万不要彼此揭短

一般说来，夫妻双方十分清楚对方的毛病和短处。比如，对方存在生理缺陷——个子小、不生育、或有过失足等。在平时，彼此顾及对方的面子而不轻易指出。可是一旦发生争吵，当自己理屈词穷、处于不利态势时，就可能把矛头对准对方的短处，挖苦揭短，以期制服对方。有道是"打人莫打脸，骂人不揭短"，人们最讨厌别人恶意揭短，这样做只会激怒对方，扩大矛盾，伤及夫妻感情。

2．不要翻陈年老账

有的夫妻争吵时，喜欢把过去的事情扯出来，翻旧账，拿陈芝麻烂谷子做证据，历数对方的"不是"和"罪过"，指责对方，或证明自己正确。这种方式也是很愚蠢的。夫妻之间的旧账很难说得清。如果大家都翻出对自己有利的那一页，眼睛向后看，不但无助于解决眼下的矛盾，而且还容易把问题复杂化，新账旧账纠缠在一起，加深怨恨。夫妻争吵最好"打破盆说盆，打破罐说罐"，就事论事，不前挂后连，这样处理问题，才容易化解眼前的矛盾。

3．坚决不能骂人

争吵时，夫妻双方可以提高音量，说一些过激过重的话，但是绝不能骂人，尤其是不能带脏字！有些人平时说话带脏字和不雅的口头禅，争吵时也可能顺口说出来。然而，这时对方不再把它当成口头禅，而视为骂人，因此同样会发生"爆炸"。

一般的争吵本无大碍，但对方动辄说"气话""急话""绝话"："今生今世我最大的失败，就是找上了你！""你这种人天下稀有，我怎么就阴差阳错撞在你的枪口上？"语气之中分明流露出对婚姻的反悔之意和对配偶的嫌恶之情，再大度的人也觉得心寒。夫妻双方由争执而争吵，由争吵而争骂，由小骂而大骂，直骂得狗血喷头。从父母、兄弟、姐妹、亲朋好友，一路骂到祖宗八代。这会伤筋动骨，让夫妻感情一落千丈。

婚姻的基础是爱情,爱情是在万般呵护下发展起来的。如果不想让神圣的婚姻毁于一旦,就千万别说伤感情的话。

4．不要随意贬低对方

夫妻争吵时难免各执一词,都感到真理在自己这边,对方是胡搅蛮缠,往往使用评价性语言贬低对方。比如,"和你说话简直是对牛弹琴!""你这个人四六不懂,简直不可理喻!""你就是一泼妇!""你是一个无赖!"这些贬低对方的话,同样容易刺伤对方的自尊,对方为了维护自己的尊严,会一直争吵到底的。

5．不涉及亲属

有的夫妻争吵时,不但彼此指责,而且可能冲出家门,把对方的老人、亲属也裹进来。比如说:"你和你爸一样不讲理!""你和你妈一样混账!"等。如此把争吵的矛头指向长辈是错误的,也是对方最不能容忍的。

总之,夫妻争吵只要把握好了度,就不会伤及感情,"雨过天晴",两人又会和好如初。

结束"冷战"的技巧

夫妻争吵之后,常常出现冷战局面,这是和好前的过渡阶段。这时候双方不再大吵大闹,又都不想主动认错,时常陷入冷战的局面。可是总是"冷"下去也不是个办法,这时候,某方一定要首先采取行动打破沉默,这时另一方就会响应,夫妻握手言和，重归于好。一般来说，打破沉默、消除冷战的方式有以下几种：

1. 直言和解

如果双方的矛盾并不大，只是偶然出现摩擦，就可以直截了当和对方打招呼，打破沉默。比如说："好了，过去的事就叫它过去吧，不要再憋气了。"对方会有所回应，言归于好。也可以装作把所有的不愉快都忘掉了，像什么事也没有发生似的，主动与对方说话，对方如顺水推舟，就可以打破沉默。

头天晚上，赵亮和妻子刘娜生气了，第二天早上上班前，赵亮突然对还在生气的妻子问："我的公文包呢？"见丈夫没有记仇，妻子刘娜也不好意思不理睬，应声道："不是在衣柜上嘛。"就这样僵局打破了。

2. 主动认错

如果一方意识到发生矛盾的主要责任在自己，就应主动向对方认错，请求谅解。如："好了，这事是我不好，以后一定要注意。这件事是我考虑不周，责任在我，我赔不是，你就不要生气了，气出病来，可不划算！"对方听了，一腔怒火也许烟消云散。

小郑到外地出差，临时改变航班。妻子按原来的时间去接他，等了很长时间，急得够呛。回家后，妻子才接到电话，知道是小郑计划改变。心是放下了，气却上来了。

小郑回家后，妻子一句话也没对他说。小郑知道是自己不好，就赶紧道歉："好了，这事是我不好，以后一定注意。我给你打电话，你已经出发了，是我不对，我赔不是，你就不要生气了。气出个好歹来，可不好，今晚我下厨，算是给你赔罪！"妻子听了，一肚子怨气早已烟消云散。

退一步说，即使错误不在自己方面，夫妻之间也要以主动承担责任的高姿态影响对方，带来积极的效果。

3. 幽默和解

开个玩笑是打破僵局的最佳方式。如："我说，你看世界冷战都结束了，我们家的冷战是不是也可以松动一下？""瞧你的脸拉那么长干什么！天有阴晴，月有圆缺，半月过去了，月儿也该圆了吧！女人不是月亮吗？"对方听了多半会"多云转晴"。

有一对夫妻因为一点小事闹别扭了，妻子赌气不吃饭，也不理睬丈夫。丈夫一见，赶紧哄妻子："生气老得快，愁一愁白了头，你想弄个老妻少夫呀？"妻子被逗得"噗嗤"一声笑了。丈夫又说："这就对了，笑一笑十年少，笑十笑老来俏！"妻子的怨气顿时烟消云散，娇嗔地说："哼，贫嘴，再说小心我休了你！"可心里却是甜滋滋的。

4. 求助"中介"

如果双方矛盾很大，当面说话担心对方不给面子，也可借助中介传递信息。比如，打电话就是一种。给爱人打电话，既可以认错也可以说明问题和愿望。只要对方接电话就有助于实现沟通，出现和解。还可以借助孩子搭桥。

星期天，爸爸叫小女儿拉上妈妈一起出去玩，还在生气的妈妈不去，女儿不干，十分执拗，硬是把妈妈拉出了家门。就这样一家三口过了一个愉快的假日，回来的时候早把不愉快抛到九霄云外去了。

夫妻之间有一些摩擦是很正常的事情，但争吵之后的和解则需要一定的技巧。有道是"夫妻没有隔夜仇"，只要一方能针对矛盾的具体情况，采取相应的沟通方式，巧用言语，就可以尽快打破僵局，家庭生活会恢复往日的欢乐与和谐。

夫人，请停止你的唠叨

一个女人在结婚之前，无论对男友说什么，对方往往会一笑置之。就算你骂他是"白痴""笨蛋"，他也会当作是打情骂俏。但结了婚就不同了，妻子如果还是口无遮拦，那就只会让丈夫头疼甚至生厌了。

所以，做什么也不能做长舌妇，妻子的快嘴快舌往往是家庭战争的导火线。特别是精明能干、在家庭中扮演主角的女性，任何情况下都不要肆无忌惮地伤害丈夫的尊严。具体来说，你需要注意以下几点：

不要议论丈夫的身体、容貌

有的妻子很漂亮，而丈夫却其貌不扬，于是妻子就经常以此来挖苦丈夫。殊不知，这往往会伤害丈夫的自尊心。因此，在家庭生活中，女人如果比丈夫优越，第一不要议论丈夫的身体，其次不要议论丈夫的容貌。

有位妻子，在家里招待朋友，派遣丈夫出去买菜，妻子留在家里陪朋友闲聊。因为是熟人，百无禁忌，说着说着就开起了玩笑，妻子说自己的丈夫骨瘦如柴，还说他的肋骨简直清晰可见，说得所有的客人哈哈大笑。不巧的是，她的丈夫刚好从推门进来，听到妻子和朋友居然这样谈论自己，心情顿时恶劣到极点。只见他淡淡地和妻子打了一个招呼，然后闷闷不乐地走向厨房。毫无疑问，朋友走后他们夫妻肯定会有一番争论和不快。

一般说来，女人会嫉妒男人谈论比自己漂亮的女人。其实，男人也有这样的嫉妒心理。如果女人的单位里有许多大帅哥，他们个个比丈夫有型，作为妻子，千万不要在丈夫面前过度夸奖那些男人，这只会让你丈夫醋意大发，妒火中烧。想一想也不难理解，一个丈夫看到妻子对别的男人感兴趣，谁也不会感到舒服的。

不要总是贬损丈夫

有的女人经常对丈夫说"你真没用，我跟了你，就没享过一天的福！"埋怨这个最没意思了，难道男人不希望自己多挣钱？其实，你没有享福，他同样没享福。男人最怕对方埋怨自己没用，特别是妻子重复说这种话时，他们会认为女人是在无理取闹。

有道是：孩子是自己的好，丈夫是别人的好。有的妻子对丈夫又贬又损，在她的嘴里丈夫总是一无是处。如果别人真的都比你强也就罢了，但你的心里也肯定是不服。有时事实上别人并不及你，至少总体上不及你，而对方偏在局部上做文章。

你整天伏案读书写作，妻子则指着别人的丈夫说："看某某又是煮饭，又是洗衣，真是好男人！"她就看不到那人胸无大志、碌碌无为的一面。要真让她做那人妻子，恐怕她又一百个不愿意。但她就这样贬损着你，气歪你的鼻子。你要是在单位混得不咋样，对方会指斥你没出息，不如某某然后撂你一句："只恨当初瞎了眼，怎么嫁给你了！"如果你在社会上混出了人样儿，对方又这般气你："得意啥呀，瞧人家张某某，权比你大、钱比你多、人比你神气！"你买了件衣服，穿在身上自我感觉良好，对方泼冷水："嗨，真糟蹋了这衣服，穿在别人身上那么好看，在你身上咋就这么难看哩？"

不要搬弄是非

有些女人不知道出于什么心理，总喜欢在丈夫面前搬弄是非。她最擅长说一些挑拨丈夫与朋友、亲戚、家人之间关系，激起相互间矛盾的话。

"你那些朋友只是酒肉朋友，在一起吃吃喝喝还行，在紧要的时候只怕就没谁在你的身边了。""别人的亲戚是靠山，你家的亲戚把我们当靠山。只怕哪一天我们这山被挖空了，就连影子都找不着了。""嘘——，据说你爹妈有钱着呢，尽补贴你妹妹了，他们眼中只有你妹妹，哪有你啊？我看你是白孝顺了，就是感情投资，也得有个回报啊。"

爱情、亲情、友情对每个人都十分重要，不可或缺。不管出于何种目的，肆意贬斥亲情、友情，挑拨这些关系，只能让对方大失所望，痛心疾首。久而久之，最终离间的，却是你们夫妻之间的关系。

不要喋喋不休地唠叨

很多做丈夫的，可以天不怕地不怕，但是最怕老婆唠叨。可有的妻子偏偏不知趣，她们总是絮絮叨叨，喋喋不休地发泄自己不满情绪，抱怨对方这也不是，那也不是：早上起得早，抱怨你影响了一家人的休息；早上起得迟，又责怨你太懒散、胸无大志，让大好时光在睡梦中白白溜过。这样的唠叨声从早晨起床，一直到熄灯歇息为止。

对于一个爱唠叨的妻子，哪怕丈夫再谨小慎微，即使这一天完美无缺，妻子也会鸡蛋里面挑骨头。若丈夫不小心授人以"柄"，就可能成为永远的话题，翻来覆去，让你叫苦不迭。即使这样，你还不能冷眼以对，更不能凛然相向，否则无异于火上浇油。

作为妻子，与其整天唠叨、惹人厌烦，不如精简话语，说有意义的、有价值的话。

不要动辄审问丈夫

有的妻子猜忌心很重，老是怀疑丈夫对不起自己。动辄就把丈夫审问一番：是不是藏私房钱啦，是不是与别的女人苟且啦，像对待犯人似的，态度相当严厉。

就算丈夫态度诚恳，老实交代，她也会没完没了，穷追不舍。如果丈夫试图瞒天过海，那简直是不可能的事。在这种情况下，花钱必须向老婆公开，或在老婆"计划经济"下循规蹈矩。人际交往更要向妻子全面公开，尤其是和异性交往，更是要小心谨慎。

因为，一碰到这样的事，女人的想象力让你吃惊，她甚至把细节都勾画出来了，然后凭着想象一路审问下去。"今天为什么回家迟了，与某某在一起比与我在一起开心吧？怪不得天天出去那么爱照镜子哩！"你被对方审问急了，采取不合作态度，于是对方更像是得到证明似的，"看看，要不是做贼心虚，怎会这样对待我？"

作为一对夫妻，结婚不是目的，只是爱情自然结合的一种形式，而真正的目的在于夫妻间信守真诚，相知相爱，心手相牵，爱至终生。对于妻子来说，丈夫是你的另一半不假，但他并不是你的私有财产，不要管得太严，不要太苛刻，更不可捕风捉影，胡乱猜忌。

向对方坦陈自己的内心感受

结婚后，随着时间的流逝，新鲜感逐渐消失，琐碎的家务事中难免形成了一些积怨。

此时，夫妻间的美丽爱情渐渐褪色，只剩下生儿育女、锅碗瓢盆……如果夫妻关系协调不好，一点小事就能引发"家庭大战"，甚至到了不可收拾的地步。

其实，夫妻间只要多从对方的角度考虑问题，很多矛盾就不会存在了。

有一对夫妻的故事很让人咀嚼，他们差点离婚。这对夫妻准备离婚的主要原因是丈夫每天在外应酬多，接触到的都是些高雅而有趣的"上层人士"，他渐渐认为妻子太家庭妇女化，而且两人在许多事情上的看法差距越来越大。

去办手续前，丈夫问妻子，还需要他做些什么？妻子平静地说："我为你做了十多年饭了，现在只想你也下厨为我做一餐饭。"

丈夫答应了妻子的要求，一大早就去菜场买菜，然后洗菜、披上围裙炒菜……妻子一直在旁边平静地看着。等一桌丰盛的饭菜摆上桌，丈夫端起酒杯对妻子先说了声"对不起"，事情便出现戏剧性的变化，丈夫开始请求妻子原谅，说不想离婚了。

通过做这一顿饭，他重新审视了妻子对自己的爱，特别是站在煤气灶前那种感觉特别强烈——透过呛人的油烟味，他看到楼下那个嘈杂的菜市场，这是妻子看了十多年的景色。灶台前是妻子看待社会和生活的角度，而他偶尔有空也只是在摆满盆景的前阳台看看大街上的车水马龙。站在妻子的角度来观察，他便觉得妻子平日里对自己唠叨的一些家务事有了许多情趣。

由此可见，很多夫妻之所以会随着结婚年限的增加，反觉得乏味，渐渐产生厌倦感，其原因多是夫妻间产生裂痕后，由于缺乏应有的情感交流，不愿意向对方表白自己的内心感受，不愿意袒露自己的真实情感，久而久之，生活才失去了快乐。夫妻间的矛盾可能就是为一件小事斗气开始的，因此要处理好夫妻的冲突问题，避免裂痕的产生。

夫妻间要经常坐下来交换意见，沟通思想。尤其是把自己的苦衷倾诉出来，在逆境的时候，最需要的就是亲人的慰藉。

同样是一对即将离婚的夫妻，因为妻子总嫌丈夫猥琐，没有男子气概。他们决定出去旅游一趟，然后好合好散。当他们从庐山回来后，两人却和好如初。原来，在山上看风景时，妻子注意到，每当走在一侧是悬崖的山路上时，丈夫都会悄悄走在靠悬崖那侧。这让她想起每次过街时，丈夫这个"小男人"总会情不自禁地去牵她的手……终于，她主动伸出手去，牵住路上一直保持着一肩之隔的丈夫的手，说永远也不会放下了。

夫妻要同心同德，积极建设幸福温馨的港湾，深感家暖如春，温馨和谐。夫妻间要设身处地为对方着想，注意对方的精神与物质需求，尊重与信赖相结合，宽容与体谅相结合，互相多赞美、肯定、鼓励、帮助，就能得到爱人更多的爱。

夫妻感情要想和谐，遇事就要多"换位思考"，设身处地替对方想想。多换位思考是非常必要的，男人不懂女人细腻的情感，女人容易受伤害，觉得自己被忽视，受冷落，男人应该多站在女人的角度思考一下；同样女人也应多包容男人的粗枝大叶。夫妻间需要奉献、牺牲，需要多些理解、关爱。有句俗话："百年修得同船渡，千年修得共枕眠。"十几亿人中，两个人走到一起结婚生子共度一生是多么不容易的事，彼此互谅互让、和睦相处，一同创造富裕祥和美满温馨的家庭又是怎样的幸福惬意！

对你的爱人不要斤斤计较

不要认为结了婚便万事大吉了，这只是一个开始。生活里有变数，会使人变得摇摆不定，变得神经质，变得世故，失去生活的激情。用什么来巩固你的婚姻，你的爱情，守住你心中的圣殿？这是需要学习的，需要用心来思考的。

阿娟和老公结婚多年，没有太多的风花雪月，可是生活的磨砺已经让彼此成了对方不可或缺的另一半。身边的朋友、同事也大多是已婚之人，但在如何爱自己的另一半这个问题上，阿娟与一些女性是有分歧的，当然自己也曾有过困惑。

有一次，在办公室里，阿娟给老公打了个电话，和他聊了一会儿，准备挂掉时，阿娟习惯性地对老公说了句"你一定好好吃饭，听见没有？"

放下话筒，一个刚结了婚的女同事就嘲笑阿娟："哎呀，怎么你和老公说话的口气，像当妈的对孩子一样，他又不是三岁小孩子，吃不吃饭自己还不知道？"阿娟有些愕然，难道不该心疼老公吗？他做起事来是个男子汉，可在生活里有时就像个孩子，不知道照顾自己，经常啃方便面，可阿娟没将这些话对同事说。

假日里，和几个朋友约好去商场买东西，阿娟挑了一大堆老公爱吃的食品，有个同事问她："你怎么买了这么多吃的？

吃得了吗？"

阿娟随口答道："这里面好多是我老公喜欢吃的。"

同事睁大了眼睛："你还给他买零食？"

阿娟很诧异："这有什么奇怪的？有时他给我买，有时我给他买。"

同事哑然失笑，说："反正我从来没给我老公买过，他给我买还差不多。"

这回轮到阿娟感觉好笑了："谁给谁买又有什么不同呢？"

"当然不同，"同事理直气壮地说，"女人就应该是被宠的嘛！"

这两件事之后，阿娟对自己怀疑起来，对老公是不是没必要这样呢？看着办公室里其他结了婚的同事，不知活得多轻松。之后的一段时间里，阿娟硬起了心肠，决定不再像以前那样了，他自己的事让他自己去解决好了，他应该好好宠我才对。

可是，这样的日子没过多久，阿娟自己就忍受不了那份牵挂了，看着老公有时靠方便面果腹；看着他笨手笨脚地洗衣服、收拾屋子；看着他忙碌了一天之后还要为自己做饭、陪自己逛街……阿娟的心并没有轻松下来，反而充满了痛惜。也许爱上一个人，就是愿意为他做任何事，愿意爱他、宠他、疼他、怜他，而不是心安理得地只享受他的付出。

在婚姻里，始终不会有谁亏欠谁的，这样天平才能永远平衡下去。

　　夫妇也只有对一个共同的家多奉献智慧与精力，才能享受到幸福的婚姻生活。只有确立夫妻生活的正确准则，建立起一个一整套与之相适应的家庭生活模式，并一丝不苟地去履行各自的职责，这样才能经得起任何风雨的人生考验。

　　如果把婚姻比作一所学堂，夫妻就是里面的学生，他们应该在零碎的生活中学会互相关爱。生活是一门很深的学问，要多思考，才不会被挤出婚姻这所学校。夫妻间应多些交流，多些理解，多些包容，日子才能过得长长久久，要相信努力经营的婚姻是经得起任何风吹雨打的，经得起考验的，不努力如何得真经。

走出思维怪圈，踏上幸福大道

不同国家或地区的人有着不同的文化背景，不同性别的人有着不同的心理特征，不同的职业、知识结构、家庭背景、成长经历等都会直接或间接地影响一个人的认知。我们每个人都有一套自己独特的认知模式，而这个认知模式中就包含着我们所特有的思维习惯。思维习惯就是我们的思维怪圈，所以不能简单地用好或坏来区别。

当我们了解了一个人的思维习惯时，做起事情来就会得心应手、事半功倍，而当一个人知道了自己的思维习惯的局限在哪里，也就找到了突破自己的临界点。

让我们先来听一个耐人寻味的笑话吧。一艘载有中、美、法、德四国乘客的船出了故障，要沉了，只有跳水才可能有活路。但船上的乘客并没有意识到问题的严重性，在他们看来，只要船员修理一下就没事了。

所以，不管船员如何做工作，就是没人跳水。船长说："我来试试。"一会儿，他回来了，对船员说："请放心，大家都已经跳下水了。"船员都对他很佩服，问他用了什么办法。

他面带自豪地说："美国人喜欢运动，所以我对他们说跳水是一种非常好的运动；法国人喜欢浪漫，所以我对他们说跳水是一件非常浪漫的事；德国人有很强的纪律性，所以我对他

099

们说，跳下去，这是命令；而对中国人，我说，大家都跳下去了，你还等什么？"

每个国家的人都有着自己独特的思维习惯，它会潜移默化地影响一个人的行为习惯。针对每个人而言，其思维习惯的影响还远远不止这些，可以说每个人的思维习惯都在无形中支配着他的行为方式。

在生活中，思维习惯的影响无处不在，不论我们做什么，说什么，还是有什么样的态度。思维习惯也一样具有优点，同时也存在不足之处，区别只是多少大小不同而已。在看待世界或与他们接触时，我们都带着一种特有的思维习惯，在这个过程中，这个习惯也将不断地刷新、变化。正因为存在局限，所以我们才能体会到自我突破的欣喜与快乐。

当我们拥有了欣喜与快乐，痛苦和挣扎自然就随之减少了。在一个固有的思维模式中，我们收获幸福，但也同样会在某些事情中感到痛苦和无奈。正是经历了那一桩桩、一件件折磨我们的事，才迫使我们有了一种突破现状、超越自我的渴望与勇气。

小米从小生长在一个传统的大家庭里，对如何做一个称职的女人耳熟能详，从小父母就给她灌输了一套中规中矩、忠于家庭、顺从老公的标尺。在她小的时候，母亲对她极其严格，甚至苛刻，这使得她从小就有一种想被人宠爱、保护的愿望，而对于父母，她只有一个愿望——尽早离开。

　　基于这种环境与心理，中专毕业后，刚刚 20 岁的她就草草步入了婚姻的殿堂。尽管在结婚之前她就清楚地知道自己根本不爱这个男人，但嫁给一个比自己大 8 岁的男人，让她内心对被人宠爱、保护的愿望得到了实现和满足，并且当她得知自己在那个男人心目中的地位时，她彻底被打动了。于是不顾一切反对嫁给了他，甚至像在故意报复家人，逃离家庭的束缚。

　　婚后的生活虽没有想象中那么温馨，但男人给她的宠爱与保护还是让她的内心得到了满足。但是三年后，她的婚姻便开始走下坡路，愈来愈差。水瓶座的她崇尚自由、散漫、无拘无束，对家庭生活充满浪漫、温馨的期望，但老公的大男子主义做派让她尝尽了苦头。

　　生活中点点滴滴的琐碎如同一根根钢针刺伤着她单纯的心灵，和老公之间的矛盾也是日益激化。这不仅没使生活有所改变反倒使老公变本加厉地疏远她，甚至收回了对她的宠爱与保护。但是，从小受到的家庭教育使她不论如何也不能下定离婚的决心，于是等待她的只有无穷无尽的失望与痛苦。她身陷其中，欲哭无泪。

　　打破不了婚姻束缚的她并没有坐以待毙，让自己安于现状。她想试着改变自己，让自己变得庸俗、清淡，尽量迎合老公，让他得到满足。两年下来，这种失去自我的感觉让她的生活犹如梦魇，悲痛欲绝中她又找回了从前的自己，思索经营婚姻另外的方法。

她的方法就是想办法改变老公，让他变得符合自己的要求。尽管小心翼翼，但结果仍是如她所料，遭到了老公的强烈反对。后来，她又尝试了各种办法来改变夫妻间这种同床异梦、貌合神离的现状，但等待她的依然只有失望。

当婚姻走完第 11 个年头后，突然绝路逢生——她终于下定决心要向老公提出离婚。在她看来，离婚是她在失望中看到的唯一希望，然而正是这一点渺茫的希望让她获得了前所未有的决心和勇气。与老公离婚后，她如获新生般用长吁短叹的口吻说："感谢那些折磨我的人和事，也感谢那个一直困扰我的思维怪圈，是它们让我真正认清了真实的自己。"

我们每个人都会陷入这样或那样的思维怪圈中，甚至正在经受着它们带给自己的折磨、痛苦，然而也正是由于它们的存在，才使我们对自己的认知一点点明朗起来，知道应该坚持什么，明白应该放弃什么。即便那些折磨我们的思维怪圈让我们的灵魂受尽了苦难，但我们还是应该感谢它，因为是它让我们获得了一股勇于向前的勇气和力量。它就像金箍一样牢牢地把我们束缚住，也正是因为我们经历了那些痛苦，才更加懂得自我突破与改变的重要。不会改变的人很难获得成功，当我们冲破自己的思维怪圈后，一定会发现一个不一样的世界和一个"涅槃重生"的自己。

不抱怨的世界
拥抱生命中的不完美

第四章 事业不完美，是因为不敢面对

没有完美的事业，何谈完美的人生？别人的事业做得风生水起，自己的事业却总是乏善可陈。工作不如意，自己出来创业却又一败涂地。似乎老天爷不想让自己太舒心，一心想要完美的事业，满心期待等来的却是一个烂摊子。我们的事业究竟是哪里出了问题，为什么总是做不到尽善尽美？其实，并非是你的机遇不够好，也不是能力不行。事业不完美，大多数情况下是因为不敢去面对。不敢面对失败，不敢面对困难……

想要"完美地"获得成功，只能"完美地"迎来失败。

你越是畏惧困难，困难就越是找你麻烦

我们常常遇到这种情况，某一困难像山一样摆在你的面前，要克服它，似乎不可能。于是，一种说不出的恐惧不请自来，你可能很快就屈服了……

这时候，你不妨向那些强者学习。

那么，强者成功的秘诀又是什么？为什么当其他人被困难征服的时候，他们能够继续生存？大多数人失败的时候，他们却可以成功？别人意气消沉的时候，他们却神采飞扬，意气风发？

答案非常简单，强者成功的关键在于他们处理问题时所采取的态度。胜利者永不消极退缩，他们能够正视问题，掌握要点，积极谋求解决之道。如果你能够认识问题的本质，采取正确的态度，你也一定能够成为胜利者。

从现在开始，当你面临困难时，一定要用积极的态度去面对。

当你敢于挑战现实时，你的心态就是最好的武器。工欲善其事，必先利其器。首先，你必须扫除头脑中消极的想法，摒弃对失败的恐惧心理。

恐惧是最折磨人、消磨人意志的情绪之一。无论是突然遭遇的惊恐，或是长期慢性的忧惧都会严重挫伤积极性。当与困难对抗时，恐惧心理往往会压抑人们的积极性，在恐惧的阴影下，他们会妄自菲薄，自卑地认为自己不具备解决难题的能力。

接踵而至的情形是：丧失了自信心。

　　而积极乐观、敢于向现实挑战的心态，是人类所拥有的最具威力的力量之一。它能帮助人们攻无不克，战无不胜。要想获得这种心态，你必须专注于长期目标的设置和计划，心无旁骛地朝着你渴望的成功进发。你的思想指导和驾驭着你的行动，而行动又决定着你的命运。所以，你一定要从积极的方面思考问题，赋予自己敢于向现实挑战的决心和勇气，然后你才能够无所畏惧地面对人生路上的一切挑战。

　　强者之所以能取得成功，就是因为他们有一种积极进取的心态。

　　月有阴晴圆缺，人有旦夕祸福。没有人一生都一帆风顺，任何人总会遭逢厄运。可是烦恼一定会有结束的时候，难题总会因时间而解决。

　　你有难题吗？你的难题不会永远存在，可是你却能够继续生存！暴风消逝时，晴空必然出现；冬雪融化时，生机必然展现。生命里的冬天必然会消失无踪，而你的问题也必然会获得解决。

　　要将你的精力放在具体的工作中，而不是用在焦虑和着急上。事实往往是，在你心烦气躁时，你的创造力已经死去，你的想象力也停止不前，你已经被困难所吓倒，哪里还有解决问题的能力？因此，请记住那句话："假如一个人不是超过他的能力而工作，那说明他还没有最大限度发挥自己的潜力。"

不断尝试，失败就会逐渐远离你

成功者的信条是：失败后，不妨再尝试一次。

即使是再伟大的人物，也不敢说自己不曾失败过。正因为有无数的失败，才能得到无数的经验，时常有所警惕。只有经历教训，人才会成长，最后把伟大的信念深植于内心，而完成伟大的业绩。这就是我们常说的："失败乃成功之母。"

因此，不管是失败或陷入困境时，最大的问题是自己是否能勇敢地承担失败的责任。如果不肯承认失败，那就不会有什么进步。

如果因为失败不满社会，抱怨他人，那只会使自己永远处在失败和不幸中。

很多成功人士透露，他们之所以取得巨大成功，因为他们跨越了挫折。失败是一位具有强烈讽刺感的狡诈的魔鬼，当成功差不多就要到来时，他总是不断地阻止成功的出现。

因此，任何一个有成功意识的人，都应该知道，在困难出现的时候，就是成功即将来临的时候。只有正视它，你才能战胜它。

李玫是一名保险推销员，有一次他向一家企业的老总推销保险。她一连拜访了这位老总几次，都遭到了拒绝。

最后，老总干脆毫不客气地说："李小姐，你这么年轻、漂亮，又有高学历，干点什么不好？偏偏要干保险。我就没发现保险有什么好，反正我是不买保险的！"

遇到这样的困难，应该就此放弃吗？李玫思前想后，决定再尝试一次。

她换了一种方法，再次拜访了这位老总。一见面，她就满面笑容地对老总说："您上次说的话真是太对了，简直说到我的心坎上去了。"

老总有些发懵："明明是我不想买保险才拒绝你，怎么会说的太对了？"

李玫继续说："您说的很对，我还年轻，也不算难看，又有高学历。怎么跑到保险这一行业里来了呢？其实我是朋友介绍到这一行业里来的。做了一段时间，正在矛盾。既然你提到做保险有什么好，那太好了，我想请您帮我总结一下，做保险到底有什么不好？我也好下定决心离开这个行业。"紧接着，她就拿出一个本子来开始记录。

一见她这么恳切，老总就开始讲述保险不好的地方来了，一共说了四条。四条过后，就再也讲不出来了。同时看到这么可爱的女孩站在自己面前，也觉得不应该太过分。于是，便说了一句："当然，保险也不是一无是处，也有它好的一面……"

李玫等的就是这一句话，立即"打蛇随棍上"，问道："我知道您是学经济的，关于保险的好处，想必也有高明的见解吧？"

于是，老总又开始总结起保险的好处来了。李玫又擅长引导，老总不知不觉就越谈越开心，总结的保险好处越来越多。

当谈到一定程度时，李玫笑着说："谢谢您的总结。您看，您现在总结保险的长处有七条，短处有四条。您看，我应不应该选择这个行业呢？"

老总一愣，随即哈哈大笑："好吧，我本来对保险是有很大抵触的，但经你这么一说，我就下定决心投保了！"于是，李玫终于签下一笔大保单。

正视困难，就该有正确的认识。你要把困难当成最好的活动体验，困难虽然阻挡我们，但却可能是获益一生的珍贵的经验。只要有这样的胸襟，就是能够进步成长的人。

通常，人一遇到困难，便心生畏惧，不知所措。在这时就应发挥超于平常的智慧和努力来克服它，经过了这个阶段，才能成长，也才有向前迈进的机会。

面对困难，就要考虑该如何解决。当然解决困难的方式有很多，但最重要的就是认清事情的真相，冷静地去思考引起困难的真正原因。这时，可能发现自己的个性竟然就是最主要的原因。所以，如果自己有做错、疏忽或思考不够周密的地方，就要坦白地自我反省，加以改正，如此便容易处理困难，也才会把这种体验牢记在心。

在困难面前，没有人是注定要失败的，只要站起来比倒下去多一次就是成功。

有些人遭遇失败从此便一蹶不振，有些人虽败犹能鼓足勇气。遭遇了失败，从此放弃，或者沮丧颓废，这样的人是最惨的，而世上多的就是这一种人。他们遭遇打击便绝望，不肯再尝试了。其实他们的所谓打击，事实上并不那么严重。

倒下了能再站起来，或者被人打倒而不认输的人，虽败犹荣。人总归是人，有时我们会一路错下去，可是一旦我们振作起来，便不再算作失败。

无论做什么事，一开始都遭遇失败。但失败并不可怕，可怕的是丧失继续尝试的勇气。我们应当记住，许多人在世人眼中是失败者，而最后却成为胜利者。无所谓失败，只要我们肯再试一试。如果我们丧失了再试的勇气，那么就一切都完了！

太在意成败得失，只会逼疯自己

如果凡事都要求非赢即输，那么只会将自己逼疯，毕竟能跻身顶峰的人，永远是少数的。

他们对此所付出的代价，也多是令人难以置信的。

我有一朋友，初次步入社会，找到了一份不错的工作，她也很喜欢工作的内容，具有一定的挑战性，从长远眼光来看也挺有发展的潜力。她对自己的好运感到十分庆幸，与同事混熟后，更觉得工作环境和人际关系都很不错。

某天，她正在和同事聊天，一位比她晚进公司的同事问她月薪多少，两者比较之下，她发现自己的月薪竟比同事少了几千元。

她气愤地与好友说："那个同事比我晚进的公司，工作能力又没我强，月薪竟然比我高！真是太过分了！"从此，她上班也失去了原有的快乐，做事也没有以前积极了。

她浑身上下都有种被打败的感觉，甚至连原来由于尽职尽责全力达成目标时所带来的成就感和踏实感也抛到了一边。那几千元夺走了她的自尊、内心的平静和自给自足的快乐。

除了她觉得自己比别人"少拿了一些"，没有任何事情改变。

曾听说过这样一件事，有个孩子在学校的考试成绩有了提高，于是开心地将考卷拿回家给父母看。可父亲连头也没抬一下，问道："是不是第一名？"

此时，孩子的整颗心都感到冰凉，父亲只关心他是不是最好的那一个，根本不关心他是不是一天比一天更好，更有进步。

有本英文丹青书，名叫《花的但愿》。作者以一只灰毛虫的诞生为出发点，巧妙地将人类社会中种种残酷的斗争与挣扎融入故事情节。

作者在故事中提到，这只灰毛虫长大后巧遇了一只漂亮的黄毛虫，他们在一起度过了一段幸福的日子，直到灰毛虫开始对现状产生不满，执意要加入一大群毛毛虫的行列。

在好奇心与好胜心的驱使下，它不惜一切代价跟着大家往柱子上爬，甚至不惜踩着它最好的朋友黄毛虫的头前行。

成千上万的毛毛虫们彼此辚轹，踩着别的毛毛虫的身躯而上，形成一根牟入云霄的柱子。

最顶端到底是什么，没有一条毛毛虫知道，它们只是一味地推挤，排除前面阻碍自己向上爬的毛毛虫。

最后灰毛虫总算历尽千辛万苦到达了顶端，放眼望去，才发现原来附近是一柱柱巨大无比的毛毛虫柱。

眼见毛毛虫们争先恐后地爬向空无一物的柱子顶端，互不相让。它终于明白在这次行动中自己什么也没得到，还平白无故地失去了最心爱的朋友。

当它回头寻找黄毛虫时，更惊奇的是黄毛虫早就变成了一只美丽的蝴蝶。此时，它终于明白，原来它根本不需要去追求什么，所有最美好的特质就存在于它体内，它的潜力就是成为一只美丽的蝴蝶！

我们所生活的社会，数字当头、非赢即输，除非你站在顶端。可是一旦你站上顶端，却又生怕随时会被别人取代。

在我们的社会中，与别人不断地比较、竞争这一模式深受大众认可，甚至连孩子都会因某项表现未得到重视，而觉得自己"一败涂地"。

世人的眼光都齐刷刷地朝向顶端为数不多的民众，忧郁像传染病一样将顶端以下的人沉没，不论男女老少都有可能被抛弃。

于是，我们开始终日计较自己"够不够多"，而无论自己"过得好不好"，只要能在一些数字上占上风，自身的价值便得到了更充分的体现，即便事实上，那些数字对真正的幸福无关紧要。总要在浪费了大半辈子的时间后，才会赫然发现自己的执著，竟然都花费在了一些毫无意义的事物上面。

一个人的价值就怎么能建立在一堆数字之上呢？

只有运筹帷幄，才能决胜千里

做事的第一步，就是要制订一套详细可行的计划。

制订计划是实现目标的最伟大的助手和参谋。否则，如果什么事都没有制订一个完整而精密的计划，那么对出现的意外情况将无法应对，必然形成一种"狗咬刺猬"的场景。所做的事情不但会半途而废，而且会浪费大量的时间和精力。

可见，迅速行动固然重要，但在此基础上制订一些计划也同样重要。有了计划才能处变不惊，也可以使我们不因事物的变化而白白浪费时间。

对一名员工来说，制订计划的周期可定为一个月，但应将工作计划分解为周计划与日计划。每个工作日结束的前半个小时，先盘点一下当天计划的完成情况，并整理一下第二天计划内容的工作思路与方法。

聪明的员工会尽力完成当天的工作，因为当天完不成的工作将不得不延迟到下一天完成。这样必将影响下一天乃至当月的整个工作计划，从而陷入明日复明日的被动局面。

在制订日计划的时候，必须考虑计划的弹性。我们在制订计划的时候，不能将计划制订在能力所能达到的100％，而应该制订在能力所能达到的80％。这是因为我们每天都会遇到一些意想不到的情况，以及上级交办的临时任务。如果你每天的计划都是 100％，那么，在你完成临时任务时，就必然会挤占你已制订好的工作计划，原计划就不得不拖期了。一旦计划无法完成，也就失去了计划本身的意义，久而久之，你的计划也就失去了严肃性。

好的工作计划地还应该将工作分类。分类时主要遵循轻重缓急原则，当然还要考虑时间因素。很多员工会忽略时间的要求，只看重任务的重要性，这样理解是片面的。

一位著名的商界精英，工作效率奇高，他是怎样做到这一点的呢？

原来，每天上班做的第一件事，就是把当天的工作分为三类：第一类是所有能够带来新生意、增加营业额的工作；第二类是为了维持现有状态，或使现有状态能够持续下去的一切工作；第三类包括必须去做、但对企业利润没有任何价值的一切工作。

他是怎么对待这三类工作的呢？那就是在完成第一类工作之前，他决不会开始第二类工作；在完成第二类工作之前，他也决不会着手进行第三类工作。此外，他还要求自己："你必须坚持养成一种习惯 任何一件事都必须在规定好的几分钟、一天或一星期内完成，每件事都必须有个期限。如果坚持这么做，你就会努力赶上期限，而不是无休止地拖下去。"

这位商界精英的工作计划中，很重要的一点就是，在规定的时间内完成工作。我们要时刻关注时间与质量，并尽可能提前完成工作。

因为，任何事情都难免出现意外。当应该提交的任务与临时的事项冲突时，就陷入了鱼与熊掌不可兼得的被动状态，这与计划的弹性原则是同一个道理。一个能每次按期完成工作任务的员工，即使不加班加点，即使并不显得忙碌，也会让主管觉得你是一个让人放心的人，而不是天天追问你工作的进度如何了。

世事如棋，变幻莫测；人生如棋，变幻无常。计划是应对变化的，棋观三步，人生又岂可不多备后手？拥有计划，就不至于浪费时间，也可以随机应变。如果你计划中已经考虑到一切可能出现的问题，并且拟订好应对措施，肯定能处变不惊，应对自如。

贵在落实，严格按照计划去做事

生活中有这样一群人，在他们一生中，列出了无数个美好的计划，而且每个计划都那么激动人心，如果真能够实现，人生必然会为之改变。但是遗憾的是，这些人把计划做好之后，执行了一段时间，发现遇到了一些困难，很快便半途而废，重新去准备另外一个计划；或者干脆就不执行，便把原计划束之高阁。

于是，年复一年，这些人的大好年华都浪费在无休止的计划当中。

和这些善于制订计划的人交往，人们可能会被他们表面的雄心壮志所迷惑，老板也会认为他们是难得的栋梁之材。而事实上，他们眼高手低，大部分时间都沉浸在自己宏伟的梦想中，长此以往，他们不能也不会做出什么成就，曾经的雄心壮志难免会变成同事们茶余饭后的玩笑。除非他们幡然悔悟、奋起直追，否则等待他们的往往是慢慢沉沦，或者跳到其他的公司去继续发牢骚，即使这样，同样的悲剧也难免再次上演。

小蓓毕业于某名牌大学外语系，她一心想进入大型的外资企业，最后却不得不到了一家成立不到半年的小公司"栖身"。心高气傲的小蓓根本没把这家小公司放在眼里，她想利用试用期"骑驴找马"。

在小蓓看来，这里的一切都不顺眼——不修边幅的老板、不完善的管理制度、土里土气的同事……自己梦想中的工作可完全不是这么回事啊。

就这样，小蓓天天抱怨老板和同事，双眉不展、牢骚不停，而实际的工作却常常是能拖则拖、能躲就躲，因为这些"芝麻绿豆的小事"根本就不在她的思考范围之内，她梦想中的工作应该是一言定千金的那种。呵，梦想为什么那么远呢？

试用期很快过去，老板认真地对她说："我们认为，你确实是个人才，但既然你对我们小公司这么不满意，我们也没有理由挽留你。对不起，请另谋高就吧！"

被辞退的小蓓这时才清醒过来，当初自己应聘到这家公司也是费了不少力气的，而且，就眼前的就业形势，再找一份像这样的工作也很困难啊！初次工作就以"翻船"而告终，这让小蓓万分失望与后悔。可一切都为时已晚矣！

有些员工则与小蓓等人不同，他们也有很高的梦想，但他们不会每天都深陷于幻想中难以自拔。他们会制定好切实可行的计划，从现在的工作开始做起，从一点一滴的小事做起，并这样毫不松懈地坚持下去。

就这样，他们一步步地默默努力着，终于有一天，他们晋升成为公司的骨干，所有人都不禁会大吃一惊，但仔细回想，这一切其实纯属正常，毕竟天助自助者。梦想对于他们，已经变成了活生生的现实。

大学一毕业，丽莎就飞到了南方，并且顺利地进入一家跨国公司。上班的第一天，她就发誓要让自己成为公司里的不可或缺者之一。

丽莎这样想着，也按这样的想法一步一步去做。她在公司从事的是档案管理工作，资源管理专业出身的她很快就发现了公司在这方面存在的弊端。她开始连夜加班，大量查阅资料，运用所学的理论知识写出一份系统的解决方案，并将公司内部工作运行流程、市场营销方式以及后勤事务的规范，也整理出一套完整的方案，然后一并发到行政经理的电子信箱中。

没过几天，行政经理就请她到公司的餐厅喝咖啡，离开时语重心长地拍了拍她的肩头："公司对勤奋的人，向来是给予足够的空间施展才华的，好好努力。"

丽莎看到自己的心血终于得到认可，工作更加努力。公司想竞标一个大商厦周围的霓虹灯方案，同事们整天翻案例找朋友，忙得焦头烂额。丽莎白天做自己分内的工作，晚上却通宵不眠熬红了眼做方案文书。经过一番辛苦，丽莎终于在竞标前一天把自己的方案交上去。竞标的当天，各种方案一下子被否决掉好几份，公司高层开始紧张，决定试试丽莎的方案。这一试就让丽莎为公司立下了汗马功劳。

第二天，消息就传遍了整个公司，大家都知道了人事资料管理科有个叫丽莎的人不简单。

一个月之后，公司人事大调整，原来的部门经理调去别的部门，新的行政任命文件上赫然印着丽莎的名字。在同事们艳美的眼光里，丽莎收拾好自己的东西，迈着悠闲的脚步走进了18层那间漂亮得有点离谱的办公室。

想一想你周围的人们，像小蓓或者丽莎这样两种截然不同的人应该都不在少数。也许你会对那些刚开始豪情万丈的人充满由衷的向往，忍不住在心中勾画起梦想的蓝图来。

这样做是没有错，每个人都应该有自己的理想，但理想一定要切合实际，更重要的是，你要做好行动的计划和准备，要通过自己的努力实现理想。因此，我们应更加注意那些像蜜蜂般踏实努力工作，并取得了一定成绩的人。

毕竟，每个人来公司都是要做一些事情的，只有空想是不行的，如果每天都沉浸在自己的梦想中，以至于耽误了正常的工作，到最后就只能是想做的还做不到，该做的又不去做，老板会继续需要你吗？同事们会视而不见，毫无怨言吗？

千里之行始于足下，只有辛勤耕耘才会有所收获。再宏伟的梦想，也经不住只说不做；要想做大事，就要从小事做起。

低调做人，高调做事

做人处事的态度是从古至今人们争论的一大热门话题：很多人认为，做人应该高调些，处处都要争着表态请功，这样才能被人注意，得到更多的机会；另一些人则认为，做人应该低调，不管遇到任何事，都不要过于兴奋，在处理事情前，要先做好最坏的打算。而且，在哪个方面，都不能太突出，平凡、简单才是最好的。这两种观点各有利弊，能中和这两种处世态度则是最好的为人处世之道，这就是"低调做人，高调做事"。

要做事先要学会做人，而人品要靠做事来体现。

有一对渔民爷孙在一个风和日丽的日子出海捕鱼。

大海深处，爷爷教孙子如何使舵，如何下网，如何根据海水颜色的变化辨识鱼群。可是天有不测风云，大海的脾气也让人捉摸不透。刚刚还晴空万里、风平浪静，突然间就狂风大作巨浪滔天，几乎要把渔船掀翻。连爷爷这个老水手都措手不及吃力地掌着舵，同时以命令的口气大喊："快拿斧头把桅杆砍断，快！"孙子不敢怠慢，用尽力气砍断了桅杆。

没有桅杆的小船在海上漂着，直漂到大海重新恢复平静，祖孙俩才用手摇着橹返航。途中，由于没有桅杆，无法升帆，船前进缓慢。孙子问爷爷："为什么要砍断桅杆？"爷爷说："帆船前进靠帆，升帆靠桅杆，桅杆是帆船前进动力的支柱；

但是，由于高高竖立的桅杆使船的重心上移，削弱了船的稳定性，一旦遭遇风暴，就有倾覆的危险，桅杆又成了灾难的祸端；所以，砍断桅杆是为了降低重心，保持稳定，保住人的生命，人是最重要的。

后来，孙子离开了渔村进入了大城市生活工作，他把爷爷的话记在了心里，那次历险也在他心里扎下了根。他的工作非常出色，得到了大家的拥护，一再升迁。他说："做事就像扬帆出海，必须高起点、高标准、高效率，就像高高的桅杆上鼓满风帆一样；做人则要脚踏实地，无论取得多大的成绩，尾巴也不能翘到天上，无论地位多么显赫，也不能凌驾于他人之上，否则就会失去民心，失去做人的本分，终将倾覆于众人的汪洋大海之中。

桅杆虽能影响航行速度，但只有船身才是航行的基础，没有船，再高的桅杆也无济于事。我们为人处世也一样，做事再有能力，如果在做人上出了问题，事业也不会成功。做事先做人，是因为人格在空间上决定了做事的空间；做人先做事，是因为人的各种素质，只能在做事中才能形成；人的本质，只能在做事中才能展现；人的潜能，只能在做事中才能开发；人的能力，只有做事中才能发挥；人的成就，只能在做事中才能取得；人的梦想，只有做事中才能实现。做事即做人，做人即做事，是因为做事和做人二者是内在统一的，没有先后之分。但是没有先后之分，并非没有高下之别。做人是主导，做事是基础。没有做事，做人没有根基；做事是我们立身成人之本。我们懂得做事，就永远有可以付出的资本。做事越多，付出越多，收获越大；懒惰越多，收获越小。人生就是由这样一种惯性趋势操纵着，我们用什么样的态度做事，这种惯性趋势就会像滚雪球似的，越滚越大。只要我们养成做事的习惯，我们就会拥有越来越多的贡献社会、造福社会的资本。

　　不可否认，低调往往会让别人忽略你的重要性以及你的能力和才华，但是你要坚信"是金子总会发光"的真理。事实上，低调做人，你的生活和世界会因此平静不少，给你一个相当安宁的处事环境。低调地处理别人和自己的关系，也会给别人一种谦虚的感觉，会获得良好的人缘，更加有利于你能力的发挥。当然，事情没有绝对，太过低调，会把自己埋没在众人的眼下，也会让人家觉得你很做作，装清高。低调不等于卑微，低调不等于沉默，低调也不是假深沉，低调更不是故弄玄虚。低调的人，是能够隐忍不发，积攒力量，在最值得出手的时候出手，一击即中，旋即又恢复平静。低调是有自己的步调，有自己的节奏，沉稳却有力量！而你将怎样在关键的时刻一鸣惊人；怎样给别人留下一种既谦虚又有威信的影响，这就又涉及一个处世哲学，即高调做事。

　　美国前任总统小布什是一个善于"低调做人，高调做事"

123

的人。小布什出身名门望族，其父亲曾任美国总统，属于名副其实的特权阶层。然而，小布什在竞选时，对此却丝毫没有提及，他甚至不愿提他在耶鲁受过教育。不仅如此，他在发表竞选演说时，竟用他的家乡话来演讲，丝毫没有一个贵族的架子。以至于人称布什就像个加油站修车的憨厚的伙计（美国人修车常受骗。也许正因为如此，伙计憨厚就显得特别重要）。

很多人嘲笑布什无知，不知道利用自身的优越性来帮助自己。殊不知正是因为他为人低调，才使他在竞选中击败了竞争对手戈尔。因为在选民看来，低调的布什就像是大家中的一分子，笨头笨脑没有坏心眼，所以对他有信任。而他的对手戈尔则懂得太多，老想教你点什么。脑筋太聪明就难免滑头。于是大家对他既不喜欢，也不信任。一位美国老太太说："我是不会从戈尔这样的人手中买东西的，所以他当总统我同样信不过。"

高调做事是自信的表现，也是我们做事应有的态度。高调，不是喊着口号让别人都知道你要做什么，而是你对自己所做的事情看得透彻，把握根源和关键，把事情漂亮地完成。我们需要明白的是，世上没有做不成的事，只有做不成事的人。高调意味着无论面对什么事情，要有积极和自信的心态。好的心态和态度是做好事情的最重要因素。一个真正想成就一番事业的人，志存高远，不会被一时的成败所困扰，而对挫折，必然会

124

奋发图强，去实现自己的理想，成就功业，这是一种积极的人生态度。做事不要为名利，一个淡泊名利的人并不是消极避世，反而是积极地面对这个世界，默默地、扎实地改变身边的世界。

高调做事是一种境界，是做事的尺度。高调做事不仅可以激发人的志气和潜能，而且可以提升做人的品质和层次。高调做事绝对不等于"我尽自己最大努力"去做事，而是应该有一个既定目标。一个人只有有了目标，才有可能全身心地投入，其成事必然顺理成章，其人生必然恢弘壮丽。古人云："欲成事先成人。"这也是一生做人做事的准则。低调做人，高调做事，少说话多做事，勤于思，敏于行。

解决问题，才能获得机遇

成功机遇不会凭空得来，要靠积极的行动去创造。一个无名小卒若想获得成功，就要多花一些心思，多一些努力。但如果他等着别人用银盘子把机会送到他面前，那他只有失望的份。应该牢记，良好的机会要靠自己去创造。

日本狮王牙刷公司的职员加腾信三为了赶去上工，匆匆刷牙，牙龈被刷出血来。他怒气冲冲，在上工路上仍是一肚子的牢骚和不满。

在心头火气平息下去后，他便和几个要好的同事们提及此事，并相约一同设法解决刷牙容易伤及牙龈的问题。

他们想了不少解决牙龈出血的方案，诸如：牙刷毛改为柔软的狸毛；刷牙前先用热水把牙刷泡软；多用些牙膏；慢悠悠地刷牙……效果都不太理想。

他们进一步仔细检查牙刷毛，在放大镜底下，发现刷牙毛的顶端并不是尖的，而是四方形的。加腾信三想，"把它改成圆形的不就行了！"于是他们着手进行改进。

经过实验，取得实效后，他们正式向公司提出了这项改变牙刷毛形状的建议。公司很乐意改进自己的产品，欣然把全部牙刷毛的顶端改为圆形。

改进后的狮王牌牙刷在广告媒介的作用下，销路极好，连续畅销 10 多年之久，销售量占全国同类产品的 30%～40%。加腾信三也由普通伙计晋升为主管，十几年后成为公司的董事长。

在一定意义上可以这样说：没有问题，也就没有机遇。刷牙时会导致牙龈出血的问题也许很多人都遇到过，但却很少人去想如何解决这个问题，所以机遇不属于他们。加腾信三既发现了问题，又设法解决了问题，牙刷不好的问题对他来说，就是一个机遇。

有一位学习声乐的大学生刚刚毕业，被分配到某企业的工会做宣传工作。刚一开始，他很苦恼，认为自己的所学的专业与工作不对口，他害怕在这里长期干下去会把自己的专业给荒废了。于是他四处活动，想调到一个适合自己发展的环境中去。可是，几经折腾，终未成功。

之后，他便死心塌地地安守在这个工作岗位上，并发誓要改变"英雄无用武之地"的状况。他找到企业工会主席，提出了自己要为企业筹建乐队的计划。正好这个企业刚从低谷走出来，扭亏为盈，正向高潮发展，也想大张旗鼓地宣传企业形象，提高产品的知名度，就欣然同意了他的计划。

这回他来了精神，跑基层、招人才、买器具、设舞台、办培训，不出半年，就使乐队初具规模。两年以后，这个企业乐团的演奏水平已堪与专业乐团媲美，而他自己也成了当地知名度较高的乐队管事。

有没有机会，能否得到机会，关键看你是以何种态度、以何种角度对待身边的机会。亚历山大在攻城取得胜利后，有下属问他，是否等待机会来了，再去进攻另一个城市？亚历山大听了这话，大发雷霆："你认为机会自己会来找我们？机会是我们自己创造出来的！"

可见，创造机会才是成就亚历山大伟大成就的原因。唯有善于创造机会的人，才能建立轰轰烈烈的伟绩。钢铁大王安德鲁·卡耐基曾说过："机会是自己努力造成的，任何人都有机会，只是有些人善于创造机会罢了！"通过自己的努力，他完全改变了自己所处的环境，化劣势为优势，不但开辟出了自己施展才能的用武之地，而且培养了自己的才能，为他以后寻求更大的发展奠定了坚实的基础。

但凡成功者，都是善于创造机会的人。他们在有机会时抓住机会，没有机会时就去创造机会。机会是成功者的跳板，聪明的人不等待"好心人"送来机会，而是主动扑向机会，从机会中打捞自己想要的"黄金"。然而，等待机遇并不是一个被动的过程，它需要积极的准备，需要主动出击。如果一个员工不主动用行动去创造机会，那就没有成功的可能。

做事要讲策略，盲目行动只会坏事

做事莽撞，是很多人的性格特点。有人认为这无伤大雅，鲁莽的人反而被认为很可爱，其实这种观点大错特错。

生性鲁莽的人，虽然豪放且不拘小节，有一股大胆泼辣的气势，生龙活虎的朝气和敢作敢为的闯劲，但也有性格急躁、行为莽撞、头脑简单、办事不计后果等缺点。于是，做事鲁莽往往造成一些可怕的悲剧。

三国有个猛张飞，为人雄壮威猛，有万夫不当之勇，"长坂坡上一声吼？"传为美谈。只可惜他的死，却实在是冤枉。

二哥关羽被东吴杀害之后，张飞急于报杀兄之仇，雪杀兄之恨，下令三军，三天内制成白盔白甲数万，挂孝伐吴。令下次日，他手下的范疆、张达禀报，部下白锦等物不凑手，三日完成确有困难，请求宽限时辰。张飞大怒道："汝安敢违我将令。"张飞下令将其二将捆绑于树，鞭打五十军棍从事。之后，又下令："三日内具要完备，倘若违令，拿汝二人头示众。"

范、张二人被张飞逼得已经走到了绝路。两人合谋说："被其逼死，不如让其先死。"当夜，他们在张飞在酒后熟睡之时，下手杀死了他。张飞的人头也被范疆、张达带着顺流而下，投奔孙权。

张飞身经百战，南征北战，英勇无敌，命未丧疆场，却被两个部下所杀。其原因就在于他做事太鲁莽，从不考虑后果。

一个做事稳重、老到的人，在处理问题时，一定会思前想后，把各种条件、后果都考虑进去之后，再决定怎么做。特别是一个领导者，在下达每一个命令之前，都应该慎重考虑。但张飞不是这样，他做事往往不问青红皂白，一味地鲁莽行事。自己想怎么做就怎么做，也不管客观条件允许不允许。

结果，在制作白盔白甲这件事上，他就对下属下了一个根本无法办到的命令，又以杀头相逼，逼得下属到了绝路，从而最终葬送了自己的性命！

所以说，张飞之死，就是死在了鲁莽上。正如明代吕坤之言："亡我者，我也；人不自亡，谁能亡自？"如此说来，杀死张飞的最凶恶的敌人，正是他们自己。做事的鲁莽、简单化，正是置他于死地的元凶。可见，"鲁莽是做事的大忌"，乃至理名言。当我们要发怒时，最好问一问自己：我要重蹈张飞的覆辙吗？

大凡鲁莽之人都有个最明显的特征，那就是头脑简单，遇事不能思前想后，只凭一股冲劲就干起来。实践表明，像这种只看到一点成功的可能性就冒失行事，想靠"猛砍三板斧"就打开通路的人，在学习和工作中难免跌跤。

周先生经营着一家餐馆，生意很红火。一天，朋友来吃饭，看着他的菜谱说："你这菜太普通、太单一，应该增加点别的特色。"

他觉得有道理，问朋友："你认为该搞点什么特色菜？"

朋友说："米粉，很多人都喜欢吃。"

他没经过市场调查，便购买了大量的米粉；这期间，又有人建议他做魔芋，他又买来了很多魔芋，还特意请了两位有此专长的师傅。

然而，当周先生把重点移到了米粉和魔芋的经营之后，顾客反而少了，很快，餐馆的营业额下降，储存的食物过期的过期、发霉的发霉，员工工资也有减无增。

如此不久，餐馆濒临倒闭。

周先生的失败在于，他做事太鲁莽，不考虑周密就马上行动，结果孤注一掷，冒了不该冒的险。缺乏思考的行为就像赌徒将最后一块钱压上赌桌，结果可能输得连本钱都没有。

因此，做事鲁莽者要学会"多思"和"慎行"，在做一件事之前，一定要从多因素、多角度去观察和分析，在头脑里多转几个弯，多问几个为什么，避免鲁莽行事。同时，在决定做一件事时，还要加强研究和论证，要有足够的把握再行动。

做事鲁莽的人，头脑特别容易兴奋和冲动，而冲动一起，往往也随之表现为急躁、轻率和冒失，因此，要加强自制力的训练，学会抑制冲动和任性，不要由着性子行事。

为了改掉做事鲁莽的手病，我们在日常生活中要注意从小事做起，点滴培养自己行为的谨慎性。例如，在平时的学习、工作和生活中，做事要表现出耐心，要讲究计划性和条理性。在书桌、房间里可多写一些诸如"胆大心细、遇事不慌""三思而后行"一类的座右铭提醒自己；在做事之前，不妨问一问自己：认真考虑成熟没有？有没有把握？有没有犯莽撞冒失的老毛病等等。实践证明，注意这些"小事"，对于克服鲁莽的性格，裨益当不在小。

人们的过失大部分是由于做事莽撞不计后果而造成的。特别是年轻人血气方刚，更易丧失理智，感情用事。所以，凡事再三思量未尝不是一件好事。尤其是年轻人、爱冲动的人，更应做到三思而后行！如果养成习惯，久而久之，自己的反应能力及分析问题、解决问题的能力也就提高上去了。

努力摸索正确的做事方法

我们一直在强调，遇到问题一定要努力思考，方法总比问题多。然而，很多人遇到难题时，虽然也思考，但却总是浅尝辄止，从来都没把问题想透彻。这样一来，自然就想不出好的方法。因此，我们一定要学会正确、深入的思考，在寻找办法之前，先把问题想透彻。

多年前，美国华盛顿的杰斐逊纪念堂前的石头腐蚀得很厉害，很不美观，这让管理人员大伤脑筋。怎么办呢？如果只是浅层次的思考，大家能想到的办法就是换石头。但很现实的一个问题是，这样做需要花费一大笔钱。而且，新换的石头可能很快也会腐蚀掉。

这时，管理人员开始对这个问题进行深入思考：石头为什么会腐蚀？原因很快就找到了，原来是因为维护人员过于频繁地清洁石头。

那为什么需要这么频繁地清洁石头？是因为有很多鸽子经常光临纪念堂，它们留下了很多的粪便。

为什么有这么多鸽子来这里？这是因为这里有大量的蜘蛛供他们觅食。

那么，这里怎么会有这么多蜘蛛？因为蜘蛛是被大群的飞蛾吸引过来的。

为什么这里会有大群的飞蛾呢？它们是黄昏时被纪念堂的灯光吸引过来的。

……

通过这一连串不断的发问，真正的原因被找到了。最后，管理人员采取了推迟开灯时间的方法，很轻松地解决了这个问题。

由此可见，正确深入的思考，把问题想透彻有多么重要！

其实，每个人的智商原本都差不多。只不过有的人肯动脑子，喜欢思考，所以才擅长解决问题。而另外一些人并不是找不到方法，只不过他们懒得思考罢了。

一位著名科学家说："无头绪地、盲目地工作，往往效率很低。正确地组织安排自己的活动，首先就意味着准确地计算和支配时间。"然而，很多人却充当着"消防员"的角色，自觉或不自觉地把大部分时间用于处理急事，他们每天都在处理危机、四处救火。每天下来，他们总是身心疲惫不堪，但并没有干成几件要事。

为了"救火"，他们根本没有时间去处理该处理的问题，去思考最应该思考的要事。不是他们不想做要事，而是他们把大部分精力和时间花掉了，以至到最后不得不办时，早已错过了处理的最佳时机。如此日复一日地恶性循环，让自己像一个"危机管理人"那样，完全被大小事务控制住了，由此失去了驾驭工作和生活的主动性。

18世纪，天文学家在火星与木星之间找到了一颗小行星。为搞清它究竟是行星还是彗星，便请数学家计算它的运行轨道。"数学泰斗"欧拉计算了三天三夜，当数据出现时，他的右眼因劳累过度而失明了。与欧拉同时接受计算任务的数学家高斯，首先革新了欧拉行星运行轨道的计算方法，引入了一个八次方程，仅花1小时就得出了更加精确的结果。1901年1月1日，人们循着高斯计算的运行轨道，终于找到了这颗小行星——谷神星。高斯深有感触地说："若是我不变换计算方法，我的眼睛也会瞎的"。

因而我们说，有方法才能有效率。有的人用一天才能完成的工作，别人几个小时就可以完成，那是因为找到了适当的方法。企业需要更大的收益，提高劳动效率成了必然的选择。可怎么来提高呢？这就需要企业从科技入手，提高机器的效率；从管理入手，提高人员的工作效率等，因为这些都是企业获取更大收益不可避免的问题，而这些更是与提高劳动效率有着密切关联的。

一个问题出现了，往往有很多方案去解决。只有不断深入、透彻地思考，才能找到最直接有效的方法。而思考不透彻的人，也许只能找到效率低、又浪费时间精力的"笨办法"。更有那些不动脑子的人，根本连一条办法也想不出来，他们面对难题，只会束手无措或者去哀求别人的帮助。

不抱怨的世界
拥抱生命中的不完美

第五章 不完美的人生同样精彩

    我们的人生注定不会完美，但绝对不能被这种不完美打败。当生活一帆风顺时，也许我们每个人都会意气风发、指点江山，但当我们的生活陷入困境，当我们遭遇各种挫折和困难时，又有几个人能够做到笑看风云？拥抱不完美的自己，一定要有好心态。

调整好心态，学会正确面对伤害

伤害是获得成功的催化剂。一个成功的人绝对不会在成功的道路上顺风顺水、一切顺利，他们大多都是在经历了种种挫折与打击、伤害与跌倒之后，痛定思痛，重新审视自己。当回首曾经伤害过自己的那些事时，他们不会心生恨意，而是多怀感激之情，因为正是它们促使自己获得了不平凡的人生。

我曾看过《伤害，也是生命中的一件礼物》，这是一个中年医生写的一篇关于自己的文章。文章中，作者为我们讲述了一段自己的亲自经历。

他是一名退伍军人，学历不高，高中毕业就去当兵了。在部队退伍后，没有一技之长的他在一家印刷厂谋得了一份送货的工作。工作虽然又累又苦，但毕竟有了一份不错的收入。于是，没有太高奢求的他打算在那里安心地干下去。

一天，老板让他把一整车书送到某大学的七楼办公室，这一整车书足有几十捆。按照吩咐，他来到老板指定的地址，可当他将一捆书扛到电梯口等候时，一位三十多岁的保安走过来，说："这电梯除了教授、学生可以搭乘外，其他人一律不得使用，更不能当货梯用。所以，很抱歉，你必须爬楼梯上去。"

此时，他简直不敢相信自己的耳朵，心想这么多书，让他爬楼梯上去？那么多捆书来来回回地还不得把自己累死啊？一想到这儿，他马上向保安解释："这么多书，我一个人怎么爬楼梯送到七楼啊，身体也承受不了。再说了，这些书是都是你们订的啊！"

保安听后，面无表情地瞥了他一眼说："这些都跟我无关，总之电梯归我管，运书是绝对不行的。至于如何爬上去那是你的事。更何况你本来就是负责送货的，爬个楼梯对你来讲也不算什么大事吧。难道爬楼梯上去还委屈了你不成？"

他一听保安竟说出如此过分的话，顿时气不打一处来，气愤地说："哼！你不就是个看大门的吗？有什么好牛的？老子从前也是扛过枪的，少在我面前摆威风。"如此一来，保安也是气由心生，死活不肯让他乘电梯上去。结果两个人你一言我一语吵得不可开交。

两人在电梯口争吵了半天，最终保安还是不让他乘电梯。面对保安的无理刁难，他不想在保安面前失去面子。最后，他心一横，空手乘电梯上了七楼，把所有的书都放在了电梯旁。然后，告诉订书的老师，书已经送到了楼下，你们派人去收一下吧。

回到家后，他将自己反锁在屋里。刚才被保安刁难的那一幕一直在他脑中挥之不去，这让他觉得自己的尊严受到了极大侮辱，越想越生气。心想，再怎么说我也是个高中生，为什么一定要做这样的工作呢？最后，他痛下决心，辞去工作，重返校园专心读书，发誓一定要考上大学。只有这样，才能找到一份像样的工作，将来才不会被别人瞧不起。

在当时的环境下，对他来说做出这样的决定是需要极大的勇气和决心的，同时也将自己置身于绝路。在读书的过程中，每当他想偷懒、懈怠时，保安不准他乘电梯的事就会立马浮现在脑海里。因此，他马上就会打起精神，继续努力学习。最后，他终于如愿以偿地考上了某大学的医学院。

如今他在当地已是一位远近闻名的医生。他已经能心平气和地说起当年那件一直折磨着他的事。他在文章的结尾说："如果，没有当初保安对我的无理刁难和歧视所造成的伤害，我又怎么能有今天的成绩呢？现在，我应该感谢那名保安，是他成就了我不平凡的人生。"

在工作中，由于上司的无理刁难，我们可能做起事来非常困难。如果一日不加班，工作任务就完成不了，每次要想使问题得到解决，就不得不全力以赴，对于工作中的失误，也许上司绝对不会给我们留情面，甚至当众将我们骂得狗血淋头。也许你心里曾因此千万次地咒骂领导，而将自己能力的大幅度进步归功于自己的勤奋和努力。

面对现实中所受到的伤害，新东方总裁俞敏洪老师发表过这样的看法：

人的生活方式有两种，一是像草一样活着，二是像树一样活着。如果像草一样活着，虽然你活着，而且每年还在成长，但你终究只是一棵草，尽管你吸收了阳光雨露，但却永远长不大。人们可以随便地将你踩在脚下，却不会因你的痛苦而让他产生痛苦。人们更加不会来怜悯你，因为人们压根就没有把你放在眼里。

然而，我们每个人都应该像树一样成长，即便现在我们什么都不是，但只要你有树的种子，即使被人踩到土壤中，你依然能够吸收土壤中的养分，让自己不断成长壮大起来。

实际上，每一个成功的人都难免碰到一些不同程度的伤害。当伤害降临到自己身上时，我们或许会对那个让自己受伤的人恨之入骨，甚至于怨恨、报复或打击，虽然最终我们不见得能如愿以偿，但在我们心中多少会埋下对他们仇恨的种子，更有甚者时刻不忘寻找机会报仇雪恨。在生活中，能让我们受伤害的事有很多，比如一个轻视的眼神，一次咄咄逼人的刁难，一次直言不讳的批评，一顿突如其来的拳脚……假如我们用一个笔记本来专门记录这些事情，我们肯定会感到生活的艰难和命运的坎坷。然而正是由于这些事，才让一个个平凡的人变得卓越非凡，让碌碌之辈成为人们崇拜的偶像。

在历史的长河中，勾践为什么要卧薪尝胆？司马迁为什么受到宫刑后反而更加努力地撰写《史记》？他们之所以名垂千史，是因为当伤害降临时，他们能化悲痛为力量，更加执着、坚定于自己的信念，为了目标义无反顾。伤害，激发了他们身体中的潜能，让他们获得前所未有的勇气和力量。可以说，是伤害成就了他们不同凡响的人生，让他们从平凡变得不平凡。

一般情况下，当我们遇到针锋相对的竞争对手，心里会恨不得一脚把他踢开，只有这样才能尽享太平。然而你却不明白，正是因为竞争对手的存在，我们才会勤勤恳恳，一刻也不敢懈怠地工作。

现在，想一想当我们受到伤害时，又将如何面对呢？是对那些事耿耿于怀，怀恨在心，还是若有所得，虔诚感谢？选择权在于你自己。

相信自己，不因弱小而自卑

一个人的能力，好像水蒸气一般，不受任何拘束，没有限制。除了你自己，谁都无法把它装进固定的瓶子里。你如果把所有的能力都发挥出来，其能量无疑是非常巨大的。

然而事实上，这种情况非常少。

生活中不如意的事每人都会遇到，但自信的人从不因自己的弱小而丧失斗志。恰恰相反，他们会更加斗志昂扬，想方设法让自己强大起来，以强大的自信来弥补弱点。

"总是被模仿，从未被超越。"这句话用来形容铁娘子格力电器总裁董明珠，可能并不为过。在她执掌下的格力空调，不仅迅速从群雄混战的国内空调市场脱颖而出从此一路领先，同时也迅速跃居全球空调销售冠军，荣获世界名牌称号。她绝不因为自己是女性，就丝毫缺少管理的铁腕、事业的雄心、竞争的魄力、敏锐的洞察力，以及对管理理念和管理方法的创造能力。相反，正是因为观察和分析企业行为的角度与男性不同，使她开创了与男人世界迥然不同的管理模式和风格。她实践着自己的梦想，也在市场的波涛中中流击水，她的管理理念和管理方法，不断影响和推动着中国的管理实践！

有人说，董明珠很霸道，但董明珠自己却认为这应该叫强势。她曾说："强和霸是两个概念，强是表示我们有这样的实

144

力和能力。"难以想象，强势的董明珠遇到同样强势的对手，会出现什么局面？2004 年，国美准备开打空调价格战，要求各空调厂家低价出货，而格力反对降价。这一次，强势的董明珠与霸道的黄光裕正面交锋，最终谈判破裂，格力宣布退出国美卖场。坚持底线，比强势更强势，董明珠就是这样凛然不可侵犯。

董明珠的胆气来自实力，来自对格力产品质量的自信。她曾表示，"希望外国人因为格力产品而对中国人产生尊重，就像我们通过使用德国产品感受到德国人严谨的工作态度一样。"有如此信仰的董明珠，以"核心科技"为支撑，必然会强势到底。

每个人都有强大的一面，也必然有其弱小的一面。不因弱小而自卑，不因强势而霸道。得道多助，失道寡助，我想这也是经理人做人的原则。

因为自卑，人们总是给自己的能力设定一个界限。一旦超越，就惊讶的不得了："怎么回事，我根本做不到的呀？也许是运气太好了吧。"

于是，你把所有的成功归结于运气。当下一次遇到相同的机会，你仍然没有信心去抓住它。你只是想，上次只是运气而已，这次恐怕不会再成功了吧？万一失败了怎么办？

你彷徨，你犹豫，可是机会早已经逃之夭夭了。

相信自己的能力，无论任何时候，都不要给自我设限。如果遇到困难，你总认为自己的能力无法克服，久而久之，任何困难都能把你打倒。

当你害怕大狗时，一只小狗也敢过来咬你一口。

不要自我设限，更不要以为自己永远无法成功。就算你现在事业无成，也要相信自己的能力与那些成功者不相上下。

一个成功者处理任何事时绝不吞吞吐吐、模棱两可。他全身都充满了魄力，他不必依靠他人，而能独立自主。那些毫无成就的人既无自信力，本身的能力又空虚异常，他的姿态总是一副日暮途穷的样子，他的谈吐和工作处处表示他已无能为力了。

自信心对于事业简直是一种奇迹，有了它，你的才干就可以取之不尽，用之不竭。相反，一个没有自信心的人，无论有多大本领，也不能抓住任何机会。他遇到重要关头时，总是不肯把所有的本领都表现出来，明明可以成功的事，结果却往往弄得惨不忍睹。相信自己的能力，无论任何时候，都不要给自我设限。

多一点思考，多一点坚强

在人生的道路上困难是不可避免的。是好事，还是坏事，要因人而论。在困难中，有的人在思考，有的人退缩，有的人击败了它，有的人则在它眼前倒下。那些击败困难的人感谢它，畏惧困难的人则憎恶它，你又属于哪一种人呢？

有这样一个故事，是关于一个乞丐和一个富翁的。他们同时迷了路，并走进一片森林里，但几天之后，富翁饿死了，乞丐却依然活着。

这令很多人费解。后来，有人问乞丐其中的秘密，乞丐一笑说："其实很简单，因为平常我对饥饿已经感到习以为常了，即便在森林里找不到吃的，我也懂得用草根充饥。但富翁却不同，他平日里吃的都是大鱼大肉，怎么会想到草根也能充饥呢？所以，他饿死了，而我还活着。"

人生缺了困难就好比是画布被撕去一角是不完整的。假如一个人总是生活得养尊处优，那他将会逐渐失去应对困难的能力。生活亦然，如果一个人总是一帆风顺，那么一旦碰到逆境，他与别人比起来会显得更加脆弱。

有一位动物学家曾做过这样的研究，他通过对生活在同一条河两岸的羚羊群进行观察。发现东岸羚羊群的繁殖能力远远比西岸羚羊群的强，奔跑速度也要较西岸的羚羊每分钟快 13

米。而这些羚羊的种类和生存环境是完全相同的，食物来源也一样。

在接下来的研究中，他发现了谜底。他在东西两岸各捉了10只羚羊，并将它们分别送往对岸。结果，运到东岸的10只羚羊一年后繁殖了14只，而运到西岸的10只则变得懒惰萎靡、体弱多病，最终只存活下来3只。

为什么东岸的羚羊如此强健呢？原来在东岸生活着一个狼群，西岸的羚羊因何变得如此弱小，就是因为缺少天敌。大量事实证明，有天敌的动物会逐渐繁衍壮大，而没有天敌的动物通常最先灭绝。

无独有偶。记得有一年，芬兰维多利亚国家公园应广大市民的要求，将一只在笼子里关了4年的秃鹰放飞。但3日后，当那些爱鸟者们还在为此善举津津乐道时，一位游客却发现了这只秃鹰的尸体，在离公园不远处的一片小树林里。

秃鹰原本是一种十分桀骜的鸟，甚至可与美洲豹争食，这只秃鹰究竟是怎么死的呢？后解剖发现，它的死因竟是饥饿。由于它在笼子里被关得太久，长时间的阔别天敌，最终失去了原有的生存能力。

生活中有困难并不见得就是一件坏事。或许正是因为困难的存在，我们才获得了出乎自己意料的成功。究其原因，就是当我们遇到困难的事时，便开始思考，从而变得更加有勇气和毅力，甚至在困难中发现了更好的成功方法。

在爱迪生璀璨的一生中，他与困难结下了不解之缘。如果不是因为碰到那些不可胜数的麻烦事，恐怕他也不会得到那些令世人瞩目的伟大发明。

在他小的时候，因为家里很穷，连书都买不起，实验用的器材对他而言更是一种奢望。面对这一难题，他想到了收集各种不同的瓶罐来代替实验用的器材。一次，他在火车上做实验，不小心引起了爆炸，列车长当即给了他一记耳光，结果他的一只耳朵被打聋了。后来，他患上了严重的失聪症，只能勉强听到外界分贝较高的声响。然而，他却认为，与其被动地听外面那些毫无意义的声音，还不如让自己待在一个"安静"的环境里，专心读书和思索。

无论是生活上的困苦，还是身体上的缺陷，都不能使他丧失对生活的决心。在发明电灯的过程中，他先后用1600多种不同的耐热材料进行了实验，面对一次次的失败，他并没有气馁，而是乐观地认为，自己至少知道哪些材料可以放在一起使用。正是在一次又一次的失败中，他获取了一项又一项的发明。据统计，在他的一生中留给这个世界的发明共有1093项。

说到这里，我不得不提一下拳王阿里。在1973年3月底，圣地亚哥举行的一次拳击比赛中，阿里被名不见经传的肯诺顿打坏了下巴，以惨败收场。

这一事实令舆论界为之哗然。紧接着嘲讽、谩骂的信件如雪片般飞来，他的纪念章也被减价处理。面对这种情况，阿里并没有灰心丧气，而是将惨痛的失败化为动力，毫无松懈地苦练。终于，在数月后的洛杉矶比赛中，将肯诺顿打败，重新拿回了属于自己的胜利。

据统计，古今中外的很多著名人物都是在困境中获得成功的。有人专门翻阅过国外 293 个闻名文艺家的传记，惊奇地发现，其中竟有 127 人在生活中遭受过重大困难。通过他们的成功经历还发现了一个共同过程，即困难——奋起——成功。故从某种意义上来讲，困难是生活给我们的特殊礼物。

正如那句歌词："阳光总在风雨后，请相信有彩虹"，任何成功，都是在不断地击败磨难和打破困境后逐渐获得的。可能当我们发现一个连脚都没有的人正在向自己微笑时，却还在抱怨自己没有鞋子穿。一位智者曾说："世界上只有一件事比碰到折磨还要糟糕，那就是从来没有被困难折磨过。"

我们要学会在困难中自我反思，那些困难的事对我们而言或许是一件好事。很多人在碰到对手后，总是忍不住咒骂对方，或者因此失魂落魄、无所适从。事实上，我们应该为自己拥有一个强劲的对手而感到庆幸，正是有了他们的存在，我们才会不断地提高、变得强大。

当今，各个领域的竞争都变得日益激烈，那些成功的人之所以能够在激烈的竞争中脱颖而出，并最终成为各个领域的佼佼者，这与他们在困难中的思考是密不可分的。他们懂得感谢那些折磨自己的事，因为正是它们的存在才让自己拥有了普通人所不具备的坚忍、勇于拼搏、不断进取的精神。

在现实生活中，要想生活，就必须面对困难，因为我们每个人都有自己的理想、愿望和追求，不论是精神上还是物质上的，它们都是我们的一种主观渴求。在实现它们的过程中，常常会和客观现实发生矛盾或冲突，因为我们不可能想要什么，就马上得到什么。不过一旦碰到障碍，就可能造成心理上的挫败感。

我们只有做好充分的思想准备，在面对突如其来的困难时，才不至于被吓倒，才能把困难变成激励我们奋勇前进的动力。正如奥斯特洛夫斯基所说，"人的生命似洪水在奔流，不遇着岛屿和暗礁，难以激起美丽的浪花。"

面对困难，一个积极乐观的人会从中发现成功的方法，而那些只知感叹自己命运不济的人除了诉苦什么也不会得到。只有懂得感谢困难，才会在困难面前鼓起勇气，积极采取方法应对，而非产生情绪上的不安、忧虑、愤怒、冷漠。

困难不但会阻碍一个人的追求，同时也会成为一个人在前进的道路上取之不尽、用之不竭的动力源。在困难面前，越是情绪不稳定，越容易遭遇失败。一个人一旦陷入消极和失败的恶性循环，最好的办法就是将注意力尽快转移，消除内心的痛苦，让自己的心情尽快平静下来。

　　在人的一生中，他所获得的成就与他所遭受的困难是成正比的，一个人克服的困难越多，取得的成就会越大。蝴蝶的美丽源于它勇敢地破茧。困难的彼岸就是胜利，咬紧牙关，蹚过这条河，你的人生将会灿烂无比。

吃苦并不是必要的

"吃得苦中苦，方为人上人。"

这句话的确令人动容。但是，在吃苦刻苦之前，先要确定自己吃对苦、耐对劳，免得一生辛苦仍换得一世艰辛，一生辛苦和一世艰辛不是交易的对象。

有这么一个故事，一个勤劳本分的男人，在公司里踏踏实实地工作了几十年，把自己的精力全部投入到了他的工作中。可是，谁能想到，遇到了经济不景气的时候，他却是第一个被辞掉的员工。他想不明白，"自己付出了这么多，本以为可以顺利地退休，为什么在将要退休的年龄又要面对找工作的困扰？"这个人被辞退是什么原因造成的呢，经济不景气还是自己不努力？两者都不是，虽然经济的不景气看似是理所当然的原因，但这不是真正的原因，因为，即使公司把所有的员工都辞退，仅仅保留一个人，那么被保留的人为什么不是他呢？

"吃得苦中苦，方为人上人。"老辈们的至理名言为何在这里就失灵了呢？其实这句话也并不是说吃得苦中苦，就为人上人，而是在说可能为人上人。这里要把可能变成现实，还是需要其他条件的，仅仅吃苦是不够的。那么，还需要什么条件呢？

过去常听长辈说一个人最好的品格就是肯吃苦、能刻苦。

公司招聘，要吃苦刻苦的员工，因为只有肯吃苦、能刻苦的人才有耐心累积自己的实力。

学校招生，要吃苦刻苦的学生，因为只有肯吃苦、能刻苦的学生才有耐力去做好自己的功课，认真地学习。

女人嫁人，要吃苦刻苦的男人，因为只有肯吃苦、能刻苦的男人才够稳当，踏踏实实，白手起家。男人娶妻，要吃苦刻苦的女人，因为只有肯吃苦、能刻苦的女人才够贤淑，愿意为全家人付出。

刻苦是耐力，而不是智力，现代人需要的不是动物式的体力和耐力，而是创意。创意是一种能力，来自高超的智慧，不变的动物式的耐力不能产生创意，而只能执行创意。创意就像建筑师，而执行就是建筑工人，建筑工人的活，机器就可以代替，可是建筑师的脑袋，机器是望尘莫及的。社会的进步不是靠体力的推动，而是靠脑力。

现在可以知道了，员工仅仅是肯吃苦、能耐劳，优势只在于他的耐力，而不是他的智力。学生仅仅是肯吃苦、能耐劳，随着课程的越来越复杂，发现有限的时间对他已经不够用了。

男人仅仅是肯吃苦、能耐劳，赚来的钱已经买不起老婆的化妆品了，更拴不住自己女人的心了。

女人仅仅是肯吃苦、能耐劳，不再是贤妻良母，在这个需要交流的社会中不再能上得厅堂，自己的行为对孩子的影响也成了反面的了，甚至终被男人遗弃。

吃苦耐劳不是朝九晚五，循规蹈矩。眼光独到、有创意的人敢于向现有的说 Goodbye，你敢吗？我身边有两个朋友，他们敢，他们也这样做了。

一个是在翻译界已经小有名头的人物，工作、生活都红红火火，在十年前他还是一个靠一份吃不饱饿不死的薪水度日，穷则思变，经过一番思考，他重新设计自己的人生道路，决定利用自己的语言文字特长，开始自学翻译，几年后，他翻译出了几本书，并且靠这几本书的翻译质量在出版界崭露头角，于是跟他之前的工作说了 Goodbye，然后专事翻译。现在，他不必朝九晚五，不必循规蹈矩，不仅自由时间多了，而且收入也是以前的数倍。曾经跟他聊起他的过去和现在，他总结了一句话："不要只懂得吃苦，而要懂得规划，以有限的投资赚取最大的报酬，因为你没有太多的时间和精力去吃苦刻苦。"现在想起来，实在值得我细细揣摩。

这位朋友的例子让我想到的是思变，思变则会变，我这个朋友他变了。另一个朋友也是思变，只是与上面这位有些不同，下面这位朋友大学毕业后应聘做了文秘，但是文秘并不是她喜欢的工作，电脑编程才是她感兴趣的，于是想方法设法进入了一家公司的电脑部，正式进入编程的行列，由于自己爱好，做起来轻松自在、乐在其中，所以不仅可以既快又好地完成自己的本职工作，而且余出很多时间。她利用这些时间培养出了另一种能力，为杂志社翻译日文和英文文章。

多尝试新的工作并不糟糕，不要以为换工作只有被迫的，主动地换工作才能体现出自己的追求。抱住一份薪水不放，委屈自己，那才是最糟糕的事情，不仅是事情的糟糕，而是人生的糟糕。假如你现在的工作仅仅是为了获得养活自己的薪水，你会被现在的工作困扰，没有快乐，只有快乐的反面。没有快乐，就没有找到自己的特长和兴趣，你接下来的事情不是继续工作，而是找到自己一技之长，然后培养它，然后跟现在的工作说拜拜。

工作的目的不是为了让钱包鼓起来，志气是很贵重的东西，不要让不好的环境把它慢慢侵蚀掉。

当然，在刚开始改变的时候，新工作的起薪也许低了，不过，只要是自己喜欢的，而且能因此发掘出自己的潜力，不妨耐着性子屈就这份较低的起薪。日后将会发现这些投资绝对值得——也就是说，做这样的改变，远比只是为了让钱包固定有钱而选择吃苦要明智得多。

准确地选择了属于自己的工作，然后和旧识们说 Goodbye，把脚踏向新的大路，那里才是通向自己的天地。傻傻地吃苦，日子也就傻傻地过去了，如果命运好的话，也许这辈子平安无事，如果命运不怎么好，等到上了年纪后出现什么变故，那就有些凄惨了。及时思变，先思考自己的道路，然后毅然改变，这才是你人生的起点，别让自己的人生一辈子没有起点。

寻找内心的安宁

那些令我们感到困惑的事，不仅对我们的耐心是一种考验，而且还搅乱我们的生活，折磨得我们身心疲惫。然而正因有困惑的存在，我们才会更加兴趣盎然地追求和探索。所以说，困惑是一种激发我们不懈寻找和前进的动力。

除非你没有欲望，否则一旦开始想得到什么，或弄懂什么，困惑便会随之而生。实际上，活在这个繁华的世界，任何人都不可能没有理想和追求，生活中有太多值得我们向往的东西，有太多需要我们去解决的事情，这是任何人都不能回避的。

想一想自己走过的路与自己的现状，一切都将找到答案。不必用"无欲无求"来掩饰，其实，我们大可不必对现实的困惑退避三舍，有困惑是很正常的事情，它将伴随我们每个人一生。

对于一个积极的人而言，困惑不见得是一件坏事，正是因为这些困惑自己的事，才使自己一次次地开动脑筋，积极寻找答案或方法，最终突破困难，实现人生的价值和意义。一切积极的结果的获得，都取决于我们面对困难时的心态和行为。

以不同的心态去面对同样的困惑，得到的结果会大不相同。以我们非常熟悉的万有引力的发现为例，当苹果落在牛顿头上时，牛顿挠挠头心想，这个苹果怎么回事，为什么一定要向下着落？还正好砸在了自己头上？对此产生的第二个困惑，他很快便得到了答案，这是由于自己刚好站在苹果的下面，完全是个巧合。

第二个困惑很快找到了答案，那么第一个困惑又如何解释呢？为什么苹果非要向下落，而不是向上落呢？假如当时你是牛顿，对这一现象做何解释？也许你会想，苹果有重量，当然要向下落了，不向下落才有问题呢！带着这个自圆其说的谜底，你不禁一笑，然后把砸着自己的苹果吃掉。

随着这个苹果的下肚，一个伟大的发现"万有引力"也将化有为无。因此，我们要庆幸，苹果砸在了牛顿的头上，而非砸在我们头上。他不但没有带着困惑将苹果吃掉，反而陷入了深深的思考，或许当时他还拿着这个苹果重新演示，然后再将苹果换成其他水果、器物，最终得到的结果都一样，一律向下落。

"万有引力"就是在这样不停地试验与寻找中获得的。在一个天才身上，一个微不足道的困惑就能产生奇迹。在知道了"万有引力"后，他又开始思考下一个问题，一个人如何挣脱地球的引力，应该达到什么速度才能逃出这个引力。于是"第一宇宙速度"也在他的不停探索中，得到了答案。

牛顿有足够的理由感谢"苹果落地"这件事，正是这个苹果带来的小小困惑成就了一代物理学巨匠。面对困惑，我们又是如何做的呢？相信很多人在遇到困惑时会绕道而行，人生苦短何必跟自己过不去呢！即便我们绕开了很多困惑，却依然有太多的问题困扰着我们，但我们仍然不会被困惑的事打动而对它充满感激之情。

美国有一部电影叫《功夫熊猫》。这是一部励志味很浓的电影，看完电影后，很多人都陷入了深思，小李就是其中之一。此刻，第一次岗前培训课的情景浮现在他眼前，历历在目。

记得那时，小李刚刚大学毕业，但是很走运，不久就和一起毕业的几个同学共同进了郑州瑞龙团体。这是一家以制药为主的企业，出于工作的需要，上岗前必须接受一段时间的专业知识培训。正是那个时候，小李熟悉了公司的销售部总经理陈先生。

陈先生刚刚30岁出头，性格很温和，每次讲话条理都非常清晰，思维也非常敏捷、活跃。他讲话时有一个特点，总是面带微笑地站在员工中间，从来不坐在培训室的讲台前。因此，和小李一同参加培训的同事都非常喜欢听他讲话。

记得一次，在培训课程快到尾声的时候，他向大家提出了一个问题 你的理想是什么？这个问题在上学时就经常被问到。一个年纪稍大一些的同事抢先发言说："我的理想是精彩地完成自己的工作任务，做一名成功的职业经理人。"

他点点头，面带微笑地说："这个理想不错，你有这个想法多长时间了？"

此同事面带自豪地说："在我刚毕业那会，我的理想就是要做一名成功的职业经理人。到现在大概已经 5 年了。"

陈经理又问："想了这么多年，到现在还没有实现，原因是什么呢？"

听到这个问题，那个同事显得有些尴尬，忙解释道："这个问题也一直困扰着我，对我而言，实现这个目标并不算是什么难事，并且我对此已经有了一个完美的构想和计划。至于为什么到现在还没有实现，或许是时间还没到吧。"

"为什么只有一个构想和计划，有完整的实施方案吗？假如你想得太多，而做得太少，那么这个问题将会一直困扰你。"

听到这个回答，此同事才恍然大悟，为什么至今自己仍未成为职业经理人，原来问题的关键是自己只是在想，付诸实际行动的却太少了。

遗憾的是，很多人在很多年以后仍然守着那个困惑自己已久的问题。我们不能将问题的答案都寄托在他人身上，不是每个人都能像小李以前的那个同事一样，能够得到别人的帮助，在别人的引导下获得问题的谜底。

对于困惑自己的事，只有自己主动寻找答案，才能从中获得更大的启示和发现。它们是一种激发自己不懈寻找和前进的动力。如果我们想获得更大的突破与成功，就必须重视它，面对它。

时时反省，寻找失败根由

成功也好，失败也罢，都只是一种暂时的状态。对一些人而言，失败意味着一蹶不振，成功意味着高枕无忧；而另一些人则清醒地认识到，失败只是对选择错误的暴露，是帮自己发现问题的好途径。在失败中，他们赫然醒悟，对自己和外在有了一个更准确的认知。

相信很少有人愿意与"失败"打交道，甚至认为它恐怖，并对它充满了厌恶。但事实却是，每个人都无法回避与它不期而遇，比如升学失败、工作失败、爱情失败等。

失败更恰当地说应该是一种证实，而不应将失败看成是一个贬义词。至于它证实了什么，则与每个人的认知和心态有关。失败了，有些人能及时放手，见风使舵地转变方向；有人感到失望，于是悲观地放弃；也有人从中发现问题的症结，汲取经验，爬起来继承为了目标前进。

对优秀的人而言，失败常常是他们最大的机遇。在失败时，他们能溘然猛醒，要么发现了问题的枢纽，要么悟出了生存的道理。总之，每次失败降临后，他们都会满怀开心、极度高兴，"痛并快乐着"就是最好的写照。

接下来要说的这个人相信大家都非常熟悉和崇拜，他就是一个热衷并超越失败的典型例子。他的功夫可谓家喻户晓，他的片子，如《唐山大兄》《精武门》《猛龙过江》《龙争虎斗》更是一次次地创造了票房神话，成为永恒的经典。他到底是谁呢？相信大家都已经猜到了，他就是李小龙。

李小龙生于美国三藩市，童年和少年是在香港度过的。幼时，他身体非常瘦弱，父亲为了使他体魄强壮，在7岁时便教其练习太极拳。13岁时，他又跟随叶巨匠系统地学习咏春拳，同时还练过洪拳、白鹤拳、谭腿、少林拳等功夫。

由于他年轻气盛、又身怀武功，在香港打架斗殴便成了他的家常便饭。最后，终因树敌太多，在香港无法立足，无奈之下，父亲将他送往美国念书。在美国西雅图上学期间，他竟一反常态安心地读起书来。

任何一个热爱搏击的人一旦与中国经典哲学，如《周易》《老子》等相识、相知，总会不觉间对搏击产生新的领悟。而他最喜欢读的就是中国哲学，他对哲学的痴迷，使他对技、招有了更深的理解。

在功夫有了很大进步后，他迫不及待要做的事就是与人切磋。一出手，果然不同凡响，身边的人没有一个是他的对手，就连空手道三段的木村也在他面前毫无还手之力。他年纪轻轻，才20岁上下就能有这么好的功夫，难免产生傲气、狂妄、目空一切的心态。他甚至觉得自己在西雅图已经是无人能敌的第一高手了。

如果不是接下来遭遇了一连串的失败，恐怕那种傲气与张狂将会一直伴随着他。日本空手道高手——山本冈夫的出现让狂妄的他吃了不少苦头。一和山本冈夫过招儿，李小龙傻眼了，想打打不到，想踢踢不着，自己空有一身的好本事，在他面前却无施展余地。惨败后的李小龙甚是不服，一气之下又闯到人家的武馆一探究竟，结果还没进门就被一个铁人难住了。在铁人跟前，任凭他拳打、脚踹，铁人仍是稳如泰山，丝毫不动，而山本冈夫一招下去，铁人就顺势横躺在地了。

再次败在山本冈夫手下的李小龙终于溘然醒悟，清晰地认识到自己和一个真正高手之间的差距。头脑不再狂热的他终于懂得静下心来思索问题，他在技艺上所取得的突破也与这两次失败后的醒悟紧密相连。也可以说，如果没有这两次失败的教训，就没有他以后在武学上取得的卓越成就。

之后，他对武学的痴迷研究与思考，似乎已经在向我们明示着一个属于李小龙技艺时代的来临。他将哲学和一套属于自己的理论体系融入武学中来，并对复杂的技艺体系进行简化，将技艺的核心理念用"攻""防"两个简单的字来阐释。

他独具特色的武学逻辑与思维。在大学体育老师伊诺教授的眼中，自己对武学的理解与李小龙的观点比起来可谓相形见绌。李小龙认为，技艺的本质就是格斗、搏击，用最简单的方式将对方击倒。而他在技艺搏击中的攻、防，以及攻中有防，防中带攻的观点更是将技艺的精髓说得入木三分。

此时的他，已经认识到过分看重成败的弊端，一个人如果太在乎胜负，在格斗中他的身体就会轻易僵化，而只有忘记这一切，才能让自己心静如水，才能使身体变得灵活，才能让自己为所欲为地自由出击。

对于如此大的提高，他实在应该去感谢那个让他一败再败的山本冈夫。是失败让他赫然醒悟，懂得以平常心去对待比赛，用良好的心态去面临对手。同时，他也开始明白如何在比赛中保持头脑清醒，摒除自满与邪念，积极发现自己的不足和别人的长处。

之后，他有了一个想法——创建一种新拳术，这就是后来风靡世界的中国功夫"截拳道"。为了实现这个理想，他积极向他人请教，甚至不惜打出"愿意在任何时间、任何地点，接受任何人挑战"的挑衅牌子。"明知山有虎，偏向虎山行"，并且对那些能打败自己的对手心存感激之情，这就是李小龙。正是抱着与人切磋、虚心学习的心态，在1964年加利福尼亚州举行的全美空手道比赛上，年仅24岁的他横扫所有选手，取得了冠军。

通过李小龙的亲身经历，我们知道失败并不见得就是一件坏事。失败如同风雨，会让人在风雨中练就强健的体魄，坚定的意志；失败如同绳子，坚强的人可以借助它勇登高峰；失败又像一面镜子，可以使人从中找出自身的不足，以弥补缺陷。同时，失败也是一种收获，更是人生弥足珍贵的一扇门。我们常常会说"失败是成功之母"，如果一个人想获得突破和成功，就必须具有不怕失败的勇气和精神，甚至还要对经历过的失败持感激之情。

学会感谢那些折磨你的事

我们都知道"滴水之恩，当涌泉相报"，但却很少听说有人要感谢那些折磨自己的事。我们要清楚，折磨你的事不一定都是坏事，它也许会让你从中学会面对伤害、重新审视困难、不停地探索出路，发现一个全新的自己。

要获得一个不同寻常的人生，我们就要学会思考那些折磨过自己的人和事。当我们一颗浮躁的心归为平静后，就会认识到，生命中的每件事、每个人，都会给我们一次成功的力量、使自己得到升华、向更高更远大的目标前进。

著名作家罗曼·罗兰曾说，只有将向别人诉苦的心情，化为奋斗的动力，才是成功的保证。我们每一个人也应如此，只有学会感谢那些曾经折磨过自己的人或事，才能看见自己心中的宽阔，才能重新认识自己。

每个人拥有的人生都是未知的，有很多事情都是难以掌控和预料的。人生在世，难免要遭受挫折，像不可抗拒的天灾人祸，遭遇浊世或灾荒，患上危及生命的重病，失去朋友或亲人。还有那些发生在生活中的重大困难，如失恋、婚姻破裂、事业失败等。

人生总要经历很多磨难并承受种种痛苦。那些一辈子平庸的人，在面对折磨时，只会听天由命。而那些拥有卓越成就的人则超越了这一切，最终获得幸福快乐。拥有与众不同的人生并不难，只要我们换个角度看待世界，看待问题，对那些曾折磨过我们的人或事持积极的态度。这样，它们就会成为一种促进我们成长的积极因素。

你在遭受工作的折磨吗？在经历失恋的痛苦吗？在忍受病痛的困扰吗？不管我们正在经历或经受过什么样的折磨，对它们都应该持一种感谢的态度。因为这是命运给了我们一次击败自我、升华自我的机会。

生命是经历一次次蜕变的过程，只有经历过各种各样的磨难，才能增加生命的厚度。一个懂得感谢折磨的人，终将发现一个心想事成的自己。或许在别人眼中，视痛苦、困难和失败如毒瘤，但在他们眼中却自有不同的理解，也正是经历了这些，他们的人生才变得不同寻常。

在这个世界上，除了被人折磨外，没有一件事能比遭遇折磨更糟糕。因为，只有当一个人受尽折磨时，他的潜能才会被最大化地激发出来，而且，唯有此时，他才能战胜挫折，强迫自己去打破现状。

不过，在现实生活中，极少有人懂得感谢生命给我们的那些折磨，他们总是为自己寻找各种理由和借口，遇到一点困难和危险，马上就会退缩，或避开问题前行。他们就像下面故事中的那群学生，事到临头，却没有一个人敢迎难而上。

在一个黑漆漆的房子里，教授带着 10 个学生过一座独木桥。教授告诉他们，你们什么都不用想，只要随着我走就行了。这 10 个人跟在他后面，如履平地似的，稳稳当当地走过了独木桥。

然后，教授将屋里的灯一盏盏全部打开，学生定睛一看，吓得面如死灰。原来桥下水池中十几条鳄鱼正往返游动。这时，教授一个人不慌不忙地走到桥的另一端，对对面的学生说："不必担心，我们已经做好了相应的保护措施，非常安全。你们再尝试着走过来看看？"

众人都对着教授摇头，没有一个人愿意再走过去。

沉默良久后，一个学生问："如果我们不堪掉在桥下的网上，把网砸破了怎么办？"

"桥与水池中间的那个铁丝网很结实，即使你们都落在上面也不会发生任何意外。"

又有人问："假如鳄鱼跃出水面，将网撕破，我们岂不非常危险？"

"这个你们大可放心，我们已经做过多次实验，鳄鱼是够不到那张网的。"教授又解释道。

学生们你一个问题，我一个问题，教授都一一做了解答。当他们所有担心的不确定因素都被教授排除，并确保他们人身安全以后，众人仍是顾虑重重，没有一个人愿冒这个险。

当然，我们也不必责怪那群学生，因为这只是一次实验。然而通过这个实验，我们却可以清楚地看到一些人在遇到问题时的真实表现。生活中，很多事情是我们无法逃避的，同时有些问题也是无法回避的，它们都是人生必须经历的阶段。

正所谓心态决定命运，同样也决定着如何看待那些折磨过我们的事。当你经历过那些事时，又该如何看待呢？因为每个人的观念都各不相同，有什么样的观念，就会得到什么样的人生模式。

如上所说观念决定心态。一个人的人生观、价值观、爱情观、事业观等观念，相互交织在一起，共同左右着他的人生方向，影响着他整个人生的质量。一个人会不会对那些折磨过自己的事心存感激，并从中汲取经验，与他的心态、观念是紧密相连的。

每个人都必须清楚，我们是在逆境和磨难中前进的，生命中的每次奔腾也都是在经历了各种磨难后才柳暗花明。正是因为我们经历并超越了这些困境，最终才获得了有意义的人生。

因此，如果我们不懂得感谢那些折磨过自己的事，就会陷入自以为是的思维怪圈，无法自拔；就难以学到在失控中驾驭自我的本领；就无法懂得如何在痛苦中掌握幸福的法则；就不会明白阻碍自己前进的是什么，更不懂如何找到一个更强大的自己。

　　是那些折磨过自己的事使我们明白了人生中一个又一个哲理，了解自己为什么会陷入人生的泥潭，如何把成功所必需的事情坚持下来。同时，它还让我们明白如何使自己做事的效率得到提高，如何才能让自己变得更加优秀和卓越。

　　如今，社会竞争日益激烈，越来越大的生存压力使人们存在的各种观念受到严峻冲击，甚至破碎。我们遇到的问题越来越多，很多人因此陷入一种失控、痛苦、疲劳、焦急、浮躁、茫然的状态之中无法自拔，这就更要求我们正确地对待那些折磨我们的事。

驱除内心的负面情绪

　　负面情绪，就像疯长的野草一样，一旦扎根便能不断地影响心情、破坏信心，从而影响你的言行举止甚至是影响到做事的质量进而对你造成极大的破坏力。但它最糟的不是它的破坏力，而是它将在对方心里建立你的坏形象，从而对你造成长期的不良影响。

　　很多人以涟漪为例，来形容一个人的快乐或愤怒是如何扩散并一层层传递给其他相干的和不相干的人。

　　但涟漪扩散开波动后不久就会消失于无形，不会表现出多大的影响。

　　然而你即使只是很短暂的情绪发泄，也有可能会在别人心中留下不可磨灭的不良印象。

　　有位朋友几年前去海外留学时，曾以工读的身份进入学校的电脑服务部当秘书助理。他被指派的第一件事情是清点全校的电脑设备。

　　接到工作后，他拿着一沓清点表，带着一支笔，马上开始在整个校园奔走。上楼下楼，他万分辛劳地找出每台电脑并认真核对、登记所有电脑设备的出厂序号。

　　在这期间，他来到了学校程序设计部核查登记。可谁知刚一跨入程序部表明来意，毫不留情的怒骂声就劈头盖脸地朝他砸过来："谁叫你到这里来？你想做什么？"

"我老板要我来这里清点电脑。"他惊慌地回答。看得出朝他大吼的人就是这个部门的经理。

"我们这里的东西不需要你们清点！"面对对方经理毫不客气的责骂，他呆愣在原地，不知如何是好，只好任由他说下去，"你们电脑服务部每年都清点，每年都清点得乱七八糟，不但一点没用，还总是打搅我们，出去！我不需要你清点！"

"好。"他点点头，尴尬地离开。

回去的路上，他脑子里不停地回想着之前发生的事情。这位经理的话泄露了很多事情——这是分部和分部之间的矛盾斗争，他只是很倒霉不巧撞上被当作了炮灰而已。

在这件事情上，这位经理让自己显得极没风度，竟然在大学校园里对一个毫不知情的工读生发火！

第二年，这位经理被指派担任某学生会的参谋。巧的是，那时朋友正好当上同学会的副会长。学生会上，那位经理一反之前怒骂朋友时凶恶的样子，对学生会的干部都是一副慈祥温和的表情。直到见到我朋友，蓄满笑容的脸竟然僵了一下，连耳根子都红了起来。

很显然他发现自己当初对我朋友那恶劣的态度与今天相较，简直是大相径庭。

后来，这位朋友说："虽然我当时有点坏地在心里暗笑他，但很快，我也尝到了控制不住自己负面情绪的苦果。"

原来他毕业回到台湾工作后，因为工作上与厂商合作得不太愉快，不小心在别人面前顺口抱怨了一下，结果导致合作的厂商对他的印象极差，甚至要求他立即公开道歉。就连他的上司都气愤地要求他道歉。正是这个错误，让他懊恼了好久。

他气极了，却发现在这个节骨眼上，不管自己怎么说都理亏。毕竟大家都只是听命行事的"一等兵"，从一开始他就应该学会控制好自己的情绪。

原本他和合作的人关系还不错，但就因为这几句抱怨的话，破坏了彼此间的友好，再怎么道歉都无法消除彼此的嫌隙，他只好选择从此小心谨慎的说话。

从那以后，在公共场合说的每句话他都小心再小心，免得不小心又得罪人。

在这个故事中，朋友从这个教训中学到了经验，也看到了负面情绪是如何一来一往地给所有相关的人带来麻烦。后来他对我说了一句他深有体会的话："负面情绪不但于事无益，反而会让自己在对方心中长久地留下不良印象。"

不抱怨的世界
拥抱生命中的不完美

第六章　可以不完美，但一定要快乐

　　乐观积极的态度，是幸福生活的秘方。我们的生活可以不完美，但只要拥有快乐，还有什么可遗憾的呢？知足常乐的生活态度，值得我们一辈子去遵行。

为你的心灵扫清阴霾

有些人生来喜欢操心，这本来没什么不好，但是一旦演变成瞎操心、过分操心，那可就不是什么好习惯了。何谓瞎操心？那是一种不健康的心理习惯，经常为一些微不足道的小事坐立不安。比如，我们古代"杞人忧天"的那位仁兄，便是典型的例子。

很多人都有过度操心的毛病，这种毛病甚至会在工作时发作，从而严重影响工作效率和质量。那么，我们该怎样排除它呢？

第一步就是要先培养自信，只要你相信自己能做到，则不管是多么困难的事情都可以做到。此外，你还可以采取以下方法进行排除：

给心理排"水"

睡觉时，为了避免自己的意识继续操劳，在夜晚上床前最好使自己的心灵留有短暂的空白。睡眠时，由于思考容易深深地沉入潜意识中，所以就寝前的最后五分钟极为重要。

因此，就寝前如果不设法排除一切"忧虑"，它将阻塞你心灵的活动，妨碍脑和精神力量的散布，但是如果能使自己的心灵暂时空白，那些烦恼就没有机会累积下来。为排除忧虑，不妨善加利用创造性的想象。

想象当自己排除不安和忧虑时，就像打开水龙头让水流出去一样，在心中想象自己把所有的担忧都释放出去。这种心理上的排水作业对克服操心相当有效。

用想象治疗忧虑

这种治疗法与上述排水的方法颇为相似，却让自己进入"静"的境界，使自己进入本身内心深处，想象你将操劳的种子逐一去除，这种想象最后也会成为事实。

想象是忧虑的泉源，但同时也是治愈忧虑的特效药。想象是为了造成结果所使用的意象，其效果十分显著，它与单纯的幻想有所不同，是从造像原理而来。

砍掉多余的操心

要克服好操心的个性，也很有必要运用一些策略。如果一开始就直捣好操心的"总部"，而发动正面攻击并不容易，比较巧妙的方法是，先逐一攻克前面的要塞，再逼总部、包围总部。换句话说，最好是先砍掉这棵"忧虑树"的小枝——亦即小小的操心，然后逐渐接近树干，最后才砍倒"好操心"这种个性的主干。

也许你会注意到，伐木工人在砍倒一棵大树时，一定是先砍掉它上端的枝干，最后才是中央巨大的主干。那么，这是什么原因呢？

"若不先砍掉树枝，而从树干开始，倒下去时可能会伤害附近的树林，树弄愈小，愈容易处理。"砍树工人常常会这么解释。

同样的道理，在你的性格中，对于多年来成长的"忧虑大树"，若把它尽量减少再处置，这是最好的方法。所以，若要砍掉好操心的表现，首先应该减少谈话时表现操心的次数。

当你的脑中浮现操心的念头时，应立刻把它除掉。例如，我们会说："我不知道能不能赶上火车"，与其担心地说这种话，倒不如早点出发！

不想要多操心的话，早些起程就可以了。

砍掉小小的操心，就会逐渐逼向操心的主干。此时，你已经拥有比以前大得多的力量，能帮助你除掉生活中操心的根源——即凡事好操心的习惯。

寻找快乐的药方

一名牧师曾经讲了这样一个故事：

有一段时间，每个星期天早晨，都会有人将一朵玫瑰花插到我衣服的翻领上。

那天，我正要离开讲台，一个小男孩走了过来。他站在我面前说："先生，你要怎么处理你的花？如果你会丢掉它，可否送给我？"我微笑着告诉他当然可以，并随口问他要做什么。这个大概还不到10岁的男孩仰首望着我，说："先生，我要把它送给我的祖母。去年，我爸爸妈妈离婚了，我本来和妈妈住，但她再婚了，要我和爸爸住。但爸爸也不愿收留我，便送我去跟祖母住。她对我太好了，不但煮饭给我吃还照顾我，所以我要把这朵漂亮的花送给她，谢谢她这么爱我。"

听完小男孩这番话，我几乎说不出话。我取下花，对他说："孩子，这是我听到的最好的事，但我不能把花送给你，因为它不够。如果你能走到讲台的前面，你能看到一大束花。每个星期都有不同的家庭买花送给教堂，请把那些花送给你的祖母，因为那才配得上她。"

小男孩最后一句话，更让我深深感动并且永世难忘。他说："好棒的一天！我只想要一朵花却得到了一大束。"

这个善良的男孩是乐观的，他没有抱怨生活的不幸，反而以一颗金子般的心，去面对周围的一切。而另外一个小姑娘珍妮，同样也是积极乐观的。对她来说，生活的每一天，都是十分快乐的，而这种快乐，往往令我们成年人感到羞愧。

这一天，7岁的珍妮从学校回来，十分开心地对父亲喊道："猜猜我有什么好消息？下个星期，我们班要演出了！在这出戏里有一个仙女公主，她长着一头亮闪闪的长发和一双美丽的翅膀，穿着一件粉色的长裙，拿着一根金光闪闪的魔棒。"小姑娘高兴地蹦来蹦去，天使般的面庞因为喜悦而显得更加生动。随后，她又气喘吁吁地说："我打算演出这个角色！"她一边拍着小手，一边咯咯笑着，还兴奋地宣布说："这是一部音乐戏剧，我还要唱支儿歌呢！"

"是吗？真好，是位神仙公主啊！"珍妮的快乐立即打动了父亲，他觉得自己也变成了一个孩子，和她一样笑着叫起来。

珍妮兴致盎然地点点头说："嗯，仙女公主的鞋子、头发都是金光闪闪的，她还戴着一顶美丽的王冠呢！"小姑娘一边说，一边兴奋地转着圈儿，仿佛她正穿着仙女美丽的长裙，去整理那并不存在的翅膀和王冠。然后，她又转过身，愉快地哼着跑了调的歌儿，蹦蹦跳跳地朝她的小房间走去。

几天后，珍妮一回到家就兴奋地嚷道："知道吗？我们今天预演了呢！"看她那个高兴劲，父亲猜她一定是扮演了公主才这样高兴的。

"这么说，你演的仙女公主很成功喽？"父亲高兴地问女儿。

"不，我并没有演仙女公主，我演的是一朵花儿，他们选我演一朵花儿！"珍妮纠正父亲说。她摇着可爱的小脑袋，那长长的、褐色的卷发也跟着不停地摇摆。

"是花儿？"父亲感到有些意外。

"是啊！"小姑娘高兴地向父亲解释，"到正式演出的时候，我会戴上紫色的花瓣，穿上绿色的紧身衣。"珍妮一边说一边想象着头发里也长了花瓣，就像当初她想象着戴上公主王冠的时候一模一样。

"好极了。"父亲说。他知道女儿非常渴望演唱，就问她，"那么，花儿唱的是什么歌呢？"

"花儿这个角色不需要大声唱。"小姑娘纯洁明亮的大眼睛一眨也不眨地看着父亲说，"花儿的台词是悄悄话，别人是听不见的。"说着，小姑娘轻轻地把一根手指放到唇边，做了个不要出声的动作。

"她同学的角色几乎都有说或是唱的机会，只有她没有，可她还是那么开心。"父亲后来对朋友说起这件事，他脸上的表情是欣慰的。因为，他养育了一个健康、快乐的好女儿。

一般人总能从半杯水中看到空了的半杯，而珍妮却能看到满着的半杯。仿佛她总是这么快乐，没有什么事情值得她烦恼。

在她的生活中，她可能会得到她想要的，也可能不会。但无论哪种情况出现，我想她都会很开心。毕竟，她能从扮演一朵沉默的花儿中找到快乐，而不是从失去扮演仙女中感到失望，这种健康的心态才是最宝贵的。

心态不同，人们眼中的世界也不相同。"感时花溅泪，恨别鸟惊心"，是悲观者的世界；春光灿烂，鸟语花香，是乐观者的世界。生活就是这样一个东西，一切的美都在它的过程之中，而过程中的美是只有轻松的心态才能够体会到的。骑车踏青的目的不在于最终你到达了怎样的世外桃源，而在于你所收获的沿路的美景。当然，一个急于赶路的人的眼中是没有这种美景的。从现在开始，轻松地享受生命的每时每刻带给我们的大大小小的乐趣，不要把这拜唾手可得的快乐源泉轻易地放弃掉。

让微笑照亮你的人生

苏格拉底是单身汉的时候，原本和几个朋友一起住在一间只有七八平方米的房间里，而他一天到晚总是乐呵呵的。

几年后，苏格拉底成了家，搬进了一座大楼里。这座大楼有七层，他的家在最底层。底层在这座楼里是最差的，不安静、不安全、也不卫生，上面老是往下泼污水、丢死老鼠、破鞋子等杂七杂八的脏东西。有人见他还是一副喜气洋洋的样子，好奇地问："你住这样的房间，也感到高兴吗？"

"是呀！"苏格拉底说，"你不知道住一楼有多少妙处啊！比如，进门就是家，不用爬很高的楼梯；可以在空地养一丛花，种一畦菜，这些乐趣呀，没法儿说！"

过了一年，苏格拉底把一层的房间让给了一位朋友，这位朋友家有一位偏瘫的老人，上下楼很不方便。他搬到了楼房的最高层——第七层。每天，他仍然快快活活的。那人揶揄地问："先生，住在七层楼有哪些好处？"苏格拉底说："好处多哩！第一，每天上下几次，这是很好的锻炼机会；第二，光线好，看书写文章不伤眼睛。"

原来，快乐的秘诀就是多去发现生活中积极、美好的一面，只要心态调整好了，心情自然也就跟着好起来。

曾看到过这样的情形：一位盲人正要横穿马路，这时从他旁边走过来几个小朋友，他们簇拥着盲人走过街道，并且目送他走了很远的路。这时，只见盲人叔叔脸上溢着笑，向几个小朋友挥手致谢。

这个时候，不管盲人还是小朋友，脸上更多的是一种会意的表情，而没有对盲人命运的可怜。因为双方都对生活充满了热情，这种笑对人生的坦然从一颗心流向另一颗心，甚至比"阳光"都容易直射人的心灵，让看到这个情景的路人都暖暖的，心中很是舒服惬意。原来对人对事乐观的心态有这么强烈的感染力，它的辐射面竟有这么广。

上面生活中的情节，不难联系到职场。如果员工与老板也这样笑着面对工作中的每一天，这种美好的情愫必将遍地生根、发芽、开花、结果。公司这种习惯蔚然成风后，一定会成为繁茂的绿荫，让在"火热"职场中竞争奔忙的人，尽享公司创造的清爽怡人的环境。

掌控自己的情绪，让一切变得积极起来。良好的精神状态是你责任心和上进心的外在表现，这正是老板期望看到的。

所以就算工作不尽如人意，也不要愁眉不展、无所事事，要学会掌控自己的情绪，让一切变得积极起来。

李刚是一家箱包公司的产品摄影师，他下决心在产品摄影或创意领域内出人头地。他坚信，如果公司老总或者其他广告公司的伯乐们能认识到他的天赋，或者为他提供工作机会，他就可以不再从事简单、重复的产品拍摄工作。如果让他自由发挥想象力，那他一定能获得广告创作上的成功，成为广告公司的创意总监。

在李刚眼里，他超常的能力意味着他可以不受正常规范的约束。他一直快乐地工作，并且追求"快乐每一天"。每天工作一结束，他都会在记事本上写道："今天的工作很开心，又收获了很多的东西，明天要继续努力，还会有更大的收获。"

在充满竞争的职场里，在以成败论英雄的工作中，谁能自始至终陪伴你、鼓励你、帮助你呢？不是老板、不是同事、不是下属、也不是朋友，他们都不能做到这一点。唯有你自己才能激励自己更好地迎接每一次挑战。

工作时神情专注、走路时昂首挺胸、与人交谈时面带微笑……会让老板觉得你是一个值得信赖的人。愈是疲倦的时候，就愈穿得好、愈有精神，让人完全看不出你一丝的倦容。如果是女性的话，还要化个妆，这样做会给他们带来积极的影响。

每天精神饱满地去迎接工作的挑战，以最佳的精神状态去发挥自己的才能，就能充分发掘自己的潜能。你的内心同时也会变化，变得越发有信心，别人也会越发认识你的价值。良好的精神状态不是财富，但它会带给你财富，也会让你得到更多的成功机会。

百味人生，无不快哉

在这滚滚红尘之中，我们生活得快乐与否，全在于对生活的态度和理解。

清朝怪才金圣叹，就是一个非常乐观的人，十分懂得玩味和领会生活的乐趣。有一次，他和一位朋友共住，屋外下了10天雨。对坐无聊，他便和朋友说日常生活中的一件件乐事，一共列出了30多件"不亦快哉"的事。

夏七月，天气闷热难当，汗出遍身。正不知如何时，雷雨大作，身汗顿收，地燥如扫，苍蝇尽去，饭便得吃——不亦快哉！

独坐屋中，正为鼠害而恼，忽见一猫，疾趋如风，除去了老鼠——不亦快哉！

上街见两个酸秀才争吵，又满口"之乎者也"，让人烦恼。这时来一壮夫，振威一喝，争吵立刻化解——不亦快哉！

饭后无事，翻检破箱，发现一堆别人写下的借条。想想这些人或存或亡，但总之是不会再还了。于是找个地方，一把烧了，仰看高天，万里无云——不亦快哉！

夏天早起，看人在松棚下锯大竹作为筒用——不亦快哉！

冬夜饮酒，觉得天转冷，推窗一看，雪大如手，已积了三四寸厚——不亦快哉！

推纸窗放蜂出去——不亦快哉！

还债毕——不亦快哉！

读唐人传奇《虬髯客传》（一部侠客小说）——不亦快哉！

在金圣叹眼里，平凡的生活处处充满着快乐。真可谓是：人生百味，无不快哉！

乐观的人不论在什么地方，身处何种困境，他都会生活得很快乐。因为快乐的人有个习惯，那就是用乐观的眼光去看待发生的一切。他们总向前看，他们相信自己，相信自己能主宰一切，包括快乐和痛苦。

的确，你自己不但可以创造财富，而且你更是这些财富的指导者。生活是你自己的一切，选择快乐还是痛苦都在你自己。

要想赢得人生，就不能总把目光停留在那些消极的东西上，那只会使你沮丧、自卑、徒增烦恼，甚至还会影响你的身心健康。你的人生就可能被失败的阴影遮蔽它本该有的光辉。

悲观失望的人在挫折面前，会陷入不能自拔的困境；乐观向上的人即使在绝境之中，也能看到一线生机，并为此而努力。

"要看到光明的一面。"一个年轻人对他的牢骚满腹、愁眉不展的朋友说。

"但是，没有什么是光明的。"他的朋友心事重重地回答。

"那就把不光的一面打磨一下，让它显出光亮不就得了！"

是的，任何事物总有光明的一面，我们应该努力去发现，甚至去创造。

有两个穷困潦倒的人，手里都只有一元钱了，悲观的一位说："咳，只剩这一元钱了！"

而另一位则乐呵呵地说："嗨，我还有一元钱呢！"

可见，对同样的情境，乐观者会看到生活中积极的一面，因而感到愉快开心；悲观者则只会看到生活中消极的一面，因而感到伤心难过。

所以，要想得到快乐，我们必须要培养一种乐观的生活习惯，要做生活的主人，不要做它的奴隶，不要让外在环境和他人来决定来控制自己的喜怒哀乐。

文学大师钱钟书《论快乐》一文中说过这样一段话："洗一个澡，看一朵花，吃一顿饭，假使你觉得快乐，并非因为澡洗得干净，花开得好看，菜合你的口味，而是因为你的心里没有挂碍，轻松的灵魂可以专注肉体的感觉，来欣赏，来审定。要是你精神不痛快，像将离别时的筵席，随它怎样烹调得好，吃来只是土气息，泥滋味。快乐纯粹是内在的，它不是由于客体，而是由于人们的思想观念和态度而产生的。"

我们都有这样的感受：快乐开心的人在我们的记忆里会留存很长的时间，因为我们更愿意留下快乐的而不是悲伤的记忆。每当我们回想起那些带给我们快乐的人时，我们总能感受到一种柔和的亲切感。

诗人胡德说："即使到了我生命的最后一天，我也要像太阳一样，总是面对着事物光明的一面。"

到处都有明媚宜人的阳光，勇敢的人一路纵情歌唱。即使在乌云的笼罩之下，他也会充满对美好未来的期待，跳动的心灵一刻都不曾沮丧悲观；不管他从事什么行业，他都会觉得工作很重要、很体面；即使他穿的衣服褴褛不堪，也无碍于他的尊严；他不仅自己感到快乐，也给别人带来快乐。

千万不要让自己心情消沉，一旦发现有这种倾向就要马上避免。我们应该养成乐观的个性，面对所有的打击我们都要坚韧地承受，面对生活的阴影我们也要勇敢地克服。要知道，垂头丧气和心情沮丧是非常危险的，这种情绪会减少我们生活的乐趣，甚至会毁灭我们的生活本身。

生活贵在知足常乐

俗话说："知足者常乐。"知足是一种良好的职场心态。当你懂得了知足，就会戒骄戒躁，在职场上稳扎稳打，远离浮躁的人际关系和紧张的工作压力，这样你会生活得更快乐。将更多的精力放在自己的工作上，也会使你得到更多的成功机会。

在职场中，知足的人往往不是人们谈论的中心话题，但也正因为这样，知足者往往能避开那些复杂的人际争斗。没有人会排挤一个老实本分、兢兢业业的人，因为这样的人对任何人来说都没有威胁。在上司眼里，知足者对自己的工作和待遇都很满足，不会对公司产生抱怨，更不会对上司产生不满。这样的人是最符合上司心意的，这便是上司眼中"忠诚"的最好体现。

当然，我们说的知足常乐，并不是要让大家消极地对待人生，做一个平庸的人，而是要我们克服产生太多不切实际的欲望。

贪婪和不知足是人类的弱点，因为人的欲望是无止境的。有的人看到别人整天有酒有肉就抱怨自己生活差，等他们也过上这样的生活时又不满足了："好多人都有房有车，如果我也有就好了！"等他们的梦想实现后，他们的心理还是不平衡："为什么我开的车不如别人的车好，我住的房子没有别人的大呢？"如此这般，不知他们的欲望何时才能休止。如果他们把那些想法当作目标和动力去追求，那倒是好事，但如果他们只是抱怨和幻想，而不采取实际行动去奋斗和努力，则他们永远都不会快乐，他们的想法也注定只能是神话故事而已。人活得快不快乐的最大因素来源于自己，有些身处逆境中的人，因为有希望和追求而体味着生活的精彩，而有些身处顺境中的人，却因自己的某些奢望没得到满足而终日郁郁寡欢。两种不同的人生态度造就了两种截然不同的生活。

无谓的抱怨只会让我们的心情越来越糟，而且对改变身处的不利状况没有一点帮助。

术业有专攻，行行出状元。只受过三个月小学教育的爱迪生，12岁开始就当起火车工人，一个最底层的"蓝领"。但他就是凭着那种不懈的努力，对科学执着的追求，一步一个台阶地往前走，最后成为一名伟大的发明家，更成为一名成功地商人。所以说，知足常乐重点是要摆正心态，不把希望定得太高，正确地评估自己现在的能力和地位。对自己没有正确的认识，无论是估计过高还是估计过低，都是有害于自身发展的。

美国著名的"股神"巴菲特有三条最基本的投资原则，其中一条便是：不要贪婪。20世纪60年代的美国股市牛气冲天，到了1969年整个华尔街进入了投机的疯狂阶段，每个人都希望手中已经涨了数倍的股票一直继续涨下去。面对连创新高的股市，巴菲特却在手中股票涨20%的时候就非常冷静地悉数全抛。后来，股票出现大幅下跌，贪婪的投资者有的血本无归，有的倾家荡产。

职场上的知足并不是消极，而是在等待属于自己的时机。许多人一生跟着自己的欲望走，一味莽撞，永远没有掌握等待的奥妙，事实上他们不清楚有些机遇是不属于自己的，他们不满足自己的现状，便错误地认为别人的机遇能够改善自己的生活。职场上的知足在某种意义上就是等待机会的学问，等待机会的来临，并紧紧抓住，就是为成功奠基。

在我们的生活中，能力不足，基础不稳固之时，燕子衔泥般地努力积累，不动声色地等待时机成熟是一种智慧。一只小鹰，羽翼未丰时，一次次飞向矮墙，是在为有朝一日搏击长空努力，而一旦它羽翼丰满，定会有一飞冲天的日子。天将降大任于斯人也，必先苦其心志，劳其筋骨，饿其体肤，空乏其身，行拂乱其所为，所以动心忍性，增益其所不能。可见，关于为明天，为未来，古时已有圣人之言。人必须学会在今日努力，为明天等待。

急功近利的人常常庸人自扰，他们期待一夜成名、一夕暴富，却忘记了自己的处境就如同沙漠里的蒲公英，转瞬即逝的机会就是沙漠里珍贵稀少的落雨，只有在每一个干旱恶劣的日子里默默累积力量，才能在得来不易的甘霖中舒展生命。

每个人都有愿望和理想，而所有今天的付出和汗水正是在

193

为未来努力，而你的辛苦不会因为你的知足而白白付出。今天和未来之间也许会有一段不小的距离，为缩短这差距，除了努力之外，唯有等待，未来毕竟是将来时态，只有时间才能证明我们今天的努力所孕育的力量。努力和等待，都是在为成功奠基。等待时机有时候是一件挑战我们耐心的事，而知足常乐这是我们克服自己焦躁情绪的良药。

生活中我们常常会期待一步到位，这仅仅只能是一种美好的愿望而已。知识和能力不能一步到位，电脑的配置不能一步到位，甚至各种家用电器的选择都不可能一步到位。随着科学技术日新月异的发展，各种新知识、新技术、新产品层出不穷，今日你选择了最新款的汽车，也许几天之后，第三代、第四代已投入使用了。总有最新、更新的东西在一个叫明天或未来的地方向你招手，今天永远是未来的过去时态。世界永远在变，改变才是常态。所以满足与现在，立足于现在对于每一个人都显得十分重要。

做什么，也别做愤青

虽然我们在生活中有时会碰到不好的人，但这并不代表我们周围所有的人都是这样。

不好的经历，是我们生命旅程中的磨砺，也是催我们成长的动力，并不是完全无法控制或只能归结为生命的污点。

有个男孩，在他还没走上社会时他的家人就告诉他：这个世界上人心是最险恶的。当他走入社会讨生活时，就会明白社会的险恶，人心的贪婪，就会明白没有一个人可以完全相信，因为社会上每个人都会想尽办法算计他、占他的便宜。

他高中毕业后，因为没考上大学开始尝试着找工作。然而，他不是莫名其妙地被人解雇就是觉得自己"不适合"那份工作。仅仅半年的时间里他从杂志营销、送书、卖冷热饮一直做到抄写，甚至连建筑工人都干过，却没有一样做得来。离职的原因不是他讨厌老板和同事，就是老板和同事讨厌他。

"都是这样的啦！这社会上有病的人多得是。不管你再怎么努力到头来都会遇到坏老板或坏同事让自己所做的所有努力一文不值，既然这样早点离开这种烂工作总比自己辛辛苦苦半天，到头来却功亏一篑得好。"

就这样，他开始窝在家里，一方面怪自己时运不济、没人能慧眼识英雄。一方面他内心又彷徨无依对外面的世界怕得不得了，总觉得无法证明自己是个有用的人。

这样过了几年后，在一次做兼职时他被同事问起："你不喜欢你的工作吗？"

他仔细想了想："还好啊，挺喜欢这工作的。"

"但你看起来不太快乐的样子……"朋友说。

他好奇地反问同事，才发现自己进入新公司后，那防备的样子给人的感觉竟然是自命清高的傲气——遇到难题也不问人，一味埋头苦干。有人想帮他，他把对方当贼来防。同事有难也未曾见他伸出援助之手。且工作上缺乏热情，总是等上司讲一步才肯走一步。进公司好几个月对自己的职位总是一副可有可无的态度，似乎随时都准备要离职……

听完同事的话后他平心静气地反省，不得不承认，倘若自己是老板，也会想要解雇这种怪里怪气的员工。他终于明白整天疑神疑鬼胡乱猜疑对自己没有一点好处，他应该培养的是与人合作的能力，积极地寻找糊口中的战友，而不是消极地逃避一切。

另外有个女孩儿，好不容易熬到商职毕业。眼见马上就要步入社会一展所学，她感到非常的兴奋与期待。

一天上课时，老师善意的在课堂上提醒班上的同学："不要轻易相信工作上的同事，免得被人陷害了都不知道。"当同学们请老师进一步说明应该怎么判定同事是好是坏，自己会不会被陷害时？老师却笑得高深莫测："到时候你们自然就会知道了……"

　　课堂上的气氛霎时变得异常凝重，当老师发现自己的话让大家太紧张了，急忙补充了一句"但也不是每家公司都这样"，但此时已经无法抹去已经在大家心里存在的暗影了。

　　毕业后，她带着恐惧到新公司上班。但因为怕被同事出卖，她从来不敢和同事交流。碰到有同事聚在一起联络感情，她也肯定离得远远的。有人对她好，她怀疑人家别有用心；有人对她不好，她觉得是印证了自己最初的猜测，更加不敢相信同事和同事交流。

　　她把自己封闭了将近一年，寂寞得快要发疯。有位同事留意到她闷闷不乐，主动上前关心询问，她才终于敞开心扉和同事谈心，没想到这一谈，却谈成了一辈子的朋友。很多年后即便她另谋高就、结婚生子，但这位老同事却永远是最先知道她情况的人。

　　从商职毕业到现在已经过了十多年，工作环境也换了很多次。她也碰到过很多刁钻古怪的上司，或是不得不防的同事。但这些年来，她已经慢慢分辨得出什么样的人能当朋友、什么样的人得保持距离。然而对她而言，最重要的是要让自己保持一颗平常心，而不是为了保护自己，将所有人都拒之于千里之外。

　　生活是我们的朋友，而非敌人。

　　盲目扩大生活中的不利因素不但不会让我们开心，反而会让我们失去糊口的能力，阻碍我们与别人建立情谊，进而将自己带进孤独的城堡里。

为钱工作是最愚蠢的

是你控制金钱还是被金钱控制，这在于金钱对你的吸引力以及你是否看得到金钱以外其他更重要的东西。

人的一生该拥有多少财富才算够？

年轻时她就发誓，将来住房要豪宅，出门要坐名车，穿衣要跟上时尚，对于女人来说不可少的饰品，则更是名牌中的名牌，好像自身的美丽与地位都要用名牌换取。对于食物，那要既补且贵，山珍海味自然是不在话下，起居要有仆人，要像一个大户人家，子女的教育和未来的人生，只能比自己好，不能比自己差。

转眼间已是人到中年，年轻时所希望得到的东西都有了，豪宅、仆人、轿车、精品、美食、子女已样样不缺——但她仍是觉得不够，总希望所有的东西都能更气派、更华丽。为此，她一方面积极投资，另一方面努力使生活具有更高的品质，并严肃管教子女，希望他们好上加好。她将所有的精力都投入到了永远无法满足的欲望中。

终于有一天，她满足了——这个对于她来说似乎是不可能有的结果——可以安枕无忧了，然而，她的噩梦也在此开始了。

她好不容易栽培成的优秀青年——最为重视的儿子，在一次和她大吵一架后洒脱地将门一摔，两手空空地离开，从此再没他的音讯。最宠爱的小女儿考进了大学，却执意不选她给规划好的音乐系，反而读了中文系，这在她看来可是最没出息的。从此，女儿整天把自己关在房里写文章，开始了自己的作家之梦。

对于女儿，这并不是让她最伤心的，更伤心地是，女儿毕业后选择了独立生存，不再用她一分钱，而看着子女们开心地花费她赚来的钱是她最大的乐趣。女儿工作后赚了钱就邀朋友外出旅游，却从没有邀请过她。即使回到家，也是把自己关进房里，虽然同住一个屋檐下，却如同陌生人，和离家出走的儿子并没有什么两样。她开始觉得自己不是住在温馨的家里，而是住在高级精美的真空罐里。

几年后的某个夜晚，她像往常一样自己坐在大而空旷的客厅里，女儿一如往常地晚归，有所不同的是，今晚女儿主动和她说话了，不过口气很淡，而内容更是让她感到惊讶，"我要在6月份结婚"。这句平淡的话让她不知所措，她第一次确定自己在子女面前的母亲地位已经丢失了，因为在这之前，她连女儿交了男朋友的事情都不知道。

她开始追问一切心中的谜团，而这些谜团在心中纠结得让她喘不过气。经过再三追问，一直沉默的女儿才冷漠地回答："反正不会合你的意，是个穷小子，你不要教我怎么做，我知道我在做什么，不管你怎么想，同意不同意，6月份我都会结婚。"

　　她不愿女儿吃和她一样的苦，就劝女儿打消嫁给这个穷小子的动机，甚至不惜威胁：假如你不听话，我不会给你办一场豪华体面的婚礼。

　　听完她的话，女儿回到房间拿出空缺的结婚证书，在她眼前展开："请告诉我，除了这张纸，外加一点公证费，结婚还需要什么？"

　　她支吾半天，仍找不到反驳女儿的一句话。女儿却不依不饶，指着她身上所有昂贵的行头，从头到脚一件一件地数，包括屋里大大小小她引以为豪的摆设，以及人人称美的房子和几辆进口名车："没有这些，日子会过不下去吗？我情愿不要这些，换回你更多的在家时间，换回你……曾经好好看我一眼……"

　　这是女儿结婚前对她说的最后几句话。她再看见女儿时，女儿已经披着婚纱为人妻的新娘子了。从此，她们之间的间隔继续无止境地扩大。

　　我们很容易将工作视为换取金钱的手段，然后不计代价地投入工作，再将赚到的钱拿来满足生活所需——这原本是很单纯的生活方式。然而，当我们剥夺太多的单纯与平实，以过多的奢华来装饰时，就得牺牲我们生命中重要的东西去填补，而牺牲的这些往往是我们亲情、友情、爱情，很多时候甚至得抛弃自我。

不抱怨的世界
拥抱生命中的不完美

第七章　拥抱不完美，做弱势大赢家

　　世界上有一种人，总是把自己的弱点无限放大。他们生活在自卑的阴影里，常常以弱者自居。面对不完美的自己，缺少改变命运的勇气。的确，在这个竞争激烈的社会里，他们处在弱势。但很多弱势的人同样能够取得成功，成为人生大赢家。关键不在于弱势强势，而在于你是否敢于拥抱不完美的自己，变弱势为强势，成为人生大赢家。

虽然不完美，也别太自卑

自卑是一颗毒药，心里有自卑，就像得了脆骨病，成了玻璃人，凡事不敢做。这样的人如何能有自信呢？做事缺乏决心和信念的人，内心也会藏有自卑。自卑心理不是天生的，完全是后天形成的。那么，又是什么让人自卑呢？

自卑的心理随处可见，比如，暗恋一个女孩，却老是担心自己配不上她，所作所为都可能会让她小瞧；不敢接受新任务，总怀疑自己的能力，怕做不好、完不成；和朋友相处，总是顾虑这顾虑那，是不是表现得得体啊，说话是不是要注意啊，穿着是不是合适啊，总怕自己哪点做不好会引起大家嘲笑。

什么是自卑？自卑感是一种自我怀疑、自轻自贱的心理感觉。理论上说，每个人内心都怀有自卑感，至少在人的潜意识里存在着。有些人看起来盛气凌人，在他的内心里，却很可能是一个有着强烈自卑感的人。表面上的盛气凌人只是为了掩饰自己的自卑罢了。

自卑会使人在做事时缺乏自信，让人在做事之前总怀疑自己的能力，觉得自己做这个不能胜任，做那个也不能做好。有自卑感的人，自尊心往往非常脆弱，他们老是惧怕、担心，害怕别人当着自己的面，将自己的自卑心理公之于众，而暗地里又老是在意别人对自己的评价。这种心理状态不仅会使他们在工作中表现得一塌糊涂，而且会让领导、同事觉得此人的能力不足。所以，自卑、不自信的心理状态经常使他们面临严峻的工作压力。生活中，他们也是事事小心、处处在意，怕自己的自卑心理被他人发现。所以，他们常会尽力将自己包裹起来，或者在人际交往中选择逃避。

有自卑心理的人常把自己放在一个低人一等的位置，觉得自己不被别人喜欢，甚至开始自暴自弃、妄自菲薄，对自己失去了希望。他们常为此郁郁寡欢，不愿意与人交往，做事缺乏自信，优柔寡断，没有竞争意识，而且常感到疲惫，意气消沉。

不管是生活还是工作，自卑都是一种心理障碍，压抑着人的潜能，对人的发展自然产生不利的影响。

自卑心理，个人是能够意识到的，不过，想要调整，却束手无策。自卑还会带来很大的精神压力，长期受压抑，也会引起精神问题。有些人被自卑束缚，自己却不知，这会让他们困惑不已，觉得自己都不认识自己了，对自己开始感到陌生，不解。

那么，一个人到底有没有自卑心理，自己的自卑到什么程度了呢？下面的测试可以给自己一个判断。

对下列问题做出"是"或"否"的回答。回答"是"得1分，"否"得0分。

1. 你觉得自己的身体不够强壮吗？

2. 你对自己的容貌不满意吗？

3. 你是否不太喜欢镜子中的自己？

4. 你觉得像自己这样的身材应该更高一些吗？

5. 别人给你拍照时，总担心别人把你拍丑了吗？

6. 你内心常充满失败的影子吗？

7. 与别人在一起时，自己常默默无闻，不爱说话吗？

8. 是否总觉得自己常被别人讥讽？

9. 不敢主动向自己所面临的难题挑战？

10. 是否总觉得自己比别人笨一些？

11. 对自己非常熟悉的事情，你是否没有绝对的决心和信念将其做好？

12. 对于自己的过失，你会一直耿耿于怀吗？

13. 你相信自己的未来不会比他人更好吗？

14. 参加运动后，你老是感到自己虚脱吗？

15. 碰到难题时，你经常采取逃避的行为吗？

16. 是否常常回想并检讨自己过去的不良行为？

17. 与别人闹矛盾时，你老是责怪自己吗？

18. 是否不喜欢自己的性格？

19. 常常打断别人的讲话吗？

20. 是否总觉得很多人不喜欢自己？

21. 做某件事时，常缺乏成功的自信吗？

22. 即使不同意对方的观点，也不会当面提出反对意见吗？

23. 认为自己使父母感到绝望吗？

24．是否认为身边的朋友怀疑自己的能力？

25．常对自己的功课成绩不抱太大希望吗？

26．常常在心里默默祈祷吗？

27．是否自甘落后？

28．别人没有征询你的看法，你不会主动发表自己的意见吗？

29．自己的观点被人反对时，你是否会马上怀疑自己的准确性？

30．对未来失去了信念吗？

得分在 0～5 分之间，意味着你是一个非常自信的人，不过不要自满。

得分在 6～10 分之间，意味着你不是一个自卑的人。

得分在 11～20 分之间，意味着你有一定的自卑心理，只要一碰到困难，你就可能丧失信心。

了解了自己的情况，自卑心重的人会害怕自卑，想着如何消除它。也许你会问：自卑是天生的还是后天形成的？没有哪个人生来就带有自卑因子，但它又是如何形成的呢？

不正确的教育会在孩子心中产生自卑，这可以从生性胆小的人身上所带的自卑感看得出来。胆小的人和小时候的家庭教育有关。小时常被父母打骂恐吓的孩子，往往形成两个极端的性格。不是叛逆就是胆小懦弱。如果叛逆了，则会仇视这个社会，如果懦弱了，则畏畏缩缩，连走路都不敢抬起头，总担心自己一旦做错了什么就会遭到难以承受的惩罚。

另外，学历的高低，能力的大小也和自卑有着密切的关系。在工作中，和自己学历高或能力强的人共事，往往妄自菲薄，觉得自己不可能比得上别人。这会造成很大的负面影响，对自己的前途极为不利。

经常受挫的人也会产生挥之不去的自卑，一次受挫并不能产生自卑，人会马上调整好自己的心态，人的自我修复能力足以胜任一两次的受挫心理。不过一而再再而三的受挫，就会让人开始怀疑自己的一切，觉得自己一无是处，甚至完全否定自己。

凡事追求完美的人也会产生自卑，在个人能力与自己对事情的要求不能相当时。由于过于追求完美的心态会激发他内心的敏感，一旦存在瑕疵，焦虑和不满便油然而生，多次的不满就会产生对自己的怀疑，自卑就悄悄出现了。

除了以上这些，社会和经济地位也是产生自卑的因素。占有欲强烈的人也易产生自卑心理。如果人们在相同的出发点开始，结果却没有使自己在物质世界中获得比别人更好或与别人相同的收获时，就可能会在有名车、豪宅的朋友跟前产生自卑。占有欲强的人总觉得别人的东西好，所以不自觉地羡慕别人。羡慕别人，其前提就是自己的不足，就是自卑感在作祟。

　　自卑心理不管出自哪里，其结果是相同的，终究对自己不利。如何挣脱自卑感的困扰，让自己重新获得自信呢？

　　不断提升自己，这个是不二法门。古语说腹有诗书气自华，同理，通过自己的学习，正确看待周围的人和事，培养积极的心态，去尝试做自己不敢做的事，事情做成功，会让自己的自卑销声匿迹。

发现自我，修复自我

比较之心人皆有之，只是有些明显有些隐晦。比较本身没有好坏之分、善恶之别，关键要看它给比较者带来了什么影响。准确的比较之道是：在比较中发现自我，修复自我。

生活中，处处让人禁不住去比较。比如，处处不如自己的人却比自己混得好，能力和自己相当的甚至不如自己的同事升迁了，非美女嫁了个帅老公了，如此等等，只要存在差距，只要是身边的事，似乎比较是避免不了的。甚至还会因很多事情生闷气，总觉得自己处处比不上别人，以致感叹自己命途多舛。

这些都是因比较而生，也因比较而加剧。

其实，比较之下并不是都是自卑。很多人在比较之中发现了自己的不足，然后通过自己的努力来弥补了不足，就因比较而进步。

生活中，比较现象十分常见。向上比发现了自己的不足，向下比发现了自己的有余。关于比较之心，有一首形象的打油诗这样写：“众人纷纷说不齐，他骑骏马我骑驴。回头看到推车汉，比上不足比下有余。”所以，比较的作用有好有坏，不可一概而论。

对于比较现象，许多心理学方面的书籍视其为有害无益。之所以如此，是因为不少人在比较获得地不是改善，而是烦恼，尤其是那些只看别人优点，不看自己优点的人，心生嫉妒，甚至感到自卑。

比较是把双刃剑，盲目地比较会伤到自己，假如比较的结果老是给自己的情绪带来消极影响，这样的比较就该及时修正调整了。倘若不及时摒除这种习惯，由此导致的痛苦就没有休止，自己的心理也无法恢复平衡。比较既可以激发一个人的内在潜力，又可以使人失去心理平衡。比较之道，最忌讳地就是只拿自己的缺点和别人的长处来比，假如一个人总习惯拿自己的缺点去对抗别人的长处，那么他得到的除了自卑以外还能有什么呢？

研究发现，生活中人们羡慕自己的所缺，而忽视自己的所得。比如，和父母相隔两地的人会羡慕别人的家庭生活，而生活在美满家庭中的人又羡慕别人了无牵挂的自由自在。

"梅须逊雪三分白，雪却输梅一段香。"积极的比较可以使人发现自我，通过比较他渐渐清楚自己的不足，并且修复这种不足。

人习惯于和眼前的一切相比，容易忽视自己，殊不知自己也是自己比较的对象。比较自己的现在与过去，就会清楚自己在哪些方面获得了突破，在哪些方面一直踯躅不前；比较自己的现在与未来，就会更加明确自己的目标，让现在的自己变得更加积极主动，实施起来也会有的放矢。

当你还在为自己处处不如人而烦恼时，当你对自己的处境仍耿耿于怀时，当你不能挣脱别人的优点对你心灵的笼罩时，这时你应该知道如何准确运用比较之道。

发现自我，修复自我，就是比较之道。

不要总看不到自己的长处，以为自己的长处很普通，甚至不愿意和比自己差的人比。假如我们老是对别人望洋兴叹，对自己妄自菲薄，就很难成为最好的自己了。

如果自己处于最底层，就应该告诉自己，凡事都要循序渐进，只要自己一步一个脚印，最高层的位置总会到来。如果积极努力、步步为营，将来也会像现在的领导一样，甚至比他们做得还要好。

比较之道是为了更好地发现自我，完善自我，找到完整的自我。所以，我们要学会如何正确地运用它，让它为我所用，而不是我被它束缚。

反思是前进的动力

自以为是既是自信也是陷阱。自以为是地做出了判断，自以为是地处理事情，人会满怀自信、勇往直前。自以为是或者给你一个满意的结果，不过整个过程常常会遇到各种障碍，甚至因缺乏反思这种因自以为是而定势的习惯而导致失败。

人之所以觉得幸福，并不一定因为他拥有很多财富，担任很高职位，主要是他看淡了得失，知道如何掌握当下的生活；人之所以觉得成功，并不一定是因为他从成功中获得了很多物质回报，也不是因为自己殚精竭虑为之付出的目标实现了，而是他克服了自己的各种不足，发现了自我。

我们可以从成功人士和自以为幸福的人身上发现自我的力量。自我会冲破现实的束缚，而一个人之所以能发现自我，反思是功不可没的。不懂得反思，就发现不到自己的不足，让自己沉溺于错误的习惯，仍旧津津乐道，更不可能发现自我。

生活中，因为缺乏思考、盲目行事造成了很多错误，甚至其结果让人觉得可笑。

有个故事足以说明盲目行事的可笑。从前，人类并不是穿着鞋子走路，而是赤着双脚，当时并没有鞋子。一次，国王外出经由一个偏远的乡间，乡间的道路多荆棘，而且有许多碎石头，国王的脚痛得不敢继续走下去。这令他非常生气，回去后，为了解决这个行路难的问题，他下了一道命令：将国内的所有道路都铺上一层牛皮。

国王自认为很聪明，想到了一个解决走路问题的好办法，而且可以造福于民，一定会得到全国上下的一致拥护，从此以后大家走路不再害怕被刺到脚了。但是，聪明的国王实在是糊涂之极，用牛皮铺上所有的道路，那要多少头牛啊，即使杀尽全国的耕牛也不能铺满道路，更何况耕牛还得留着种田呢。

这根本就是不可能完成的，可是，国王的命令，谁敢违背啊，老百姓只能自叹命苦，生不逢时，遇到一个了糊涂的国王。

无奈之下，国王的一个仆人解决了这个问题。他向国王提出建议："尊敬的陛下，您的命令实在是造福于民的好事，不过，这样做实在是浪费了牛皮。我从您的办法中得到了另一个解决之道。您可以下令割两小片牛皮包住脚，这样不是可以节省很多耕牛？"

国王听了觉得很好，采用了仆人的建议。自那之后，世界上人就有了鞋子。

当把两块小牛皮绑在脚上时，国王或许会发现自己原来的主意是多么的愚蠢。这不仅仅是一个故事，是一个不再重复的荒诞故事，实际生活中有许多人像这个国王，当陷入生活泥淖时，往往会受情绪支配，做一些荒诞乖张的事情；当工作碰到麻烦时，往往会陷入痛苦之中，觉得自己怎么如此不完美。不积极反思自己哪里出问题的人，往往会使自己一再陷入重复的困境永不可自拔。

这样的人就像青蛙，身处之中的水在慢慢加热，危险已经来临，自己却浑然不知。

这是出自一个著名的实验，有人将一只青蛙放入锅中，下面用小火煮之。作为两栖动物，水是青蛙的栖身之处，它快乐地将自己藏在水底。

锅底下的火在慢慢加热，水的温度渐渐升高，只因改变太慢，青蛙丝毫没有察觉。水温在一点点升高，青蛙伸伸懒腰，打个哈欠说："在水里面真惬意啊！"不断上升的水温让它感到有些困倦，不一会儿就睡着了。

水下面仍在加热，水温在升高，渐渐有些烫了。熟睡中的青蛙觉得水有点热，于是它睁开眼，自言自语，"可能已到中午了吧，这该死的太阳！我还是躲在水下吧，可能外面比这里还热。"尽管有些不舒服，但它依然在水下待着。

水温越来越热，此时的青蛙已经有些头昏目眩。它有些着急了，气愤地骂道："这该死的天色，真是热死我了。不行，我要出来，再找个可以避暑的地方。"想到这儿，青蛙用尽全力往外游，但此刻四肢已经不听使唤了。水温越来越高了，这时青蛙才想起来挣扎。然而，没过多久，就再也听不到它的声音了。

　　对于有些人来说，常常遭遇挫折，生活在挫败感之中，渐渐把挫败感变成习惯，就像这只水中的青蛙，只是因为习惯，不愿是反思，害了自己。人要实现自我，就要常常对自己的行为做出反思，在反思中进步。

　　反思，可以让我们及时发现自己哪里出了差错，什么地方做得还不够好，如何改正才能获得更大的突破。而且，经常反思让人运筹帷幄、未雨绸缪，使将要出现的问题提前解决。

　　常常反思的人从来不缺乏觉醒的力量。觉醒是对自我的重新认知，在觉醒中人会一步步发现不足，从而获得进步，使自己在社会生活中游刃有余，使事情做起来事半功倍。

发现弱势中的强势

现实生活中，造成弱势的原因有很多，技不如人是最先体现你弱势的一个原因。假如你现在囊中羞涩，那么在财大气粗的人眼前自然就会觉得矮人三分。除此之外，自身性格上的不足，如自卑、自负、优柔寡断等等造成的弱势更是让你举步维艰。当然，我们每个人都无法做到完美无缺，但也不要因此而觉得自己一无是处。我们所要做的正是发现弱势中的强势，重新找回迷失的自己，让自己成为生活中的强者。

2008 年 6 月 20 日，《功夫熊猫》在我国上映后引起强烈反响。相信看过这个电影的人在内心深处一定会被一种难以名状的感动所充斥着。那么，我们是被谁感动着，是龟神仙？天下第一武林宗师？还是中原五侠？也许更能引起我们深思的是那只肥肥胖胖的熊猫吧！

本来，熊猫阿波只是一个饭馆卖面条的，但它却痴迷于技击。每天做梦都想成为一个像中原武侠那样的大侠，可惜每次梦醒后还是不得不很现实的去忙着照顾饭馆里的客人。他只是很单纯的喜欢技击，却从来也没有想过自己能在技击上有什么作为。

但在一次误打误撞中，竟然成为龟神仙麾下的龙斗士，这显然让它欣喜若狂。真没想到自己竟然可以得到高人指点，这令阿波简直是不敢置信。和它的惊喜相反，天下第一武林宗师看着这只又肥又胖没有一点技击功底的熊猫却是绝望透顶。

从看到阿波那一刻起，宗师就没有对它抱有什么希望。宗师一边用可以说是有些残酷的练习逼它主动退却，一边又向龟神仙抱怨。可惜最后都无果而终，而就在此时，武艺高强的太郎越狱成功，并向这里赶来。无奈之下，宗师只得孤注一掷，把所有希望都寄托在连他都打不过的熊猫阿波的身上了。

让人觉得好笑的是，阿波一听说宗师要让自己与太郎决斗，吓得立马想要逃走了。当宗师拦住它下山的去路时，阿波显然有些生气了，它说："我怎么可能打败太郎，在你看来，你从来都不认为我能够打败太郎，而且你也总是在想方设法赶我走，不是吗？"

宗师没有回答，只是问它，为什么留在这里，阿波生气地说："我留在这里，是因为我不想看到自己像现在这个样子，我希望有人可以改变我，而这个人就是你，天下第一武林宗师。"

最后，阿波终于得偿所愿了，宗师不仅对它倾囊相授教会了它功夫，而且还把龙之典也交给了它保管。在世人眼中，龙之典可以赋予人一种无限的力量，使人变得强大无比。但当阿波打开龙之典后，除了在里面看到自己的影子之外，却没有发现任何东西。

难道是龟神仙老糊涂了？在场的每个人都觉得不明所以，

甚至有些绝望。无可奈何下，宗师选择自己留下来，与太郎决斗。而阿波则一脸失落地回到了老爸的饭馆。看到迷途知返的儿子，老爸的心得到了安慰，并急不可待地将自己家传的做面秘方告诉了儿子。

很奇怪，秘方和龙之典一样，也是什么都没有。

老爸解释道："其实自己并没有在饭里放什么特别的东西，而是全看做面人自己，只要你觉得它是非同一般的，它就真的是别有风味。一切都在你自己是怎么认为的。"

最深奥的秘密竟然都一样，隐藏的道理竟是如出一辙：什么都没有，一切的特别都仅在自己眼中，我们以为是什么就是什么。

在这个故事中，作者从另一个侧面向告诉我们一个大家并不陌生的哲理，那就是熟悉你自己。如果阿波没有发现龙之典中的真正秘密，就凭它那两下子根本不可能是太郎的对手。只是对自己熟悉与不熟悉的改变，阿波的弱势竟然在制胜强敌中变成了强势让它有机会战胜对手。

弱势也是强势，关键在于我们是用什么样的心态来看它、对待它。相信这就是龙之典的秘密所在吧。

故事讲完了，现在，让我们从《功夫熊猫》中走出来，看看处于生活生活中的自己，我们又是怎样看待我们自己的弱势的？我们是否也将自己看成了社会中的弱者？

其实，社会上所谓弱者，无非两种，一种是自弱，一种是人弱。

自弱是指当一个人自己觉得自己很弱时，即使他身上还藏有尚未被发现的优势，也很难被挖掘出来。因为这是一种发自内心的认知，他自己已经完全相信了自己是弱者的判定，也就会放弃去挖掘身上的潜能。

人弱则是一个人对自我强弱的判定不是来自自己，而是自己受到外界他人对自己判定的影响，所谓三人成虎，当说我们弱的人多了，自己慢慢也就相信了这一事实。

除此之外，对于自弱、人弱还有另外一种解释。

其中，自弱是指一个人本身自来便具有的弱势，如自身能力差异造成的弱势，自身经济基础差异造成的弱势，自身性格差异造成的弱势等等。而人弱则是指一个人除去自身以外的弱势，如关系、地位、环境等外在差异造成的弱势。

综上所述，其实不管是强势，还是弱势，都是自己因为这样那样的原因凭空想出来的，事实却并不一定就是如此。但当我们陷入自卑，开始妄自菲薄、自暴自弃时，往往也就是我们真正陷入泥潭真正弱势的时候。所以，我们一定要重视自己，无论如何不要从心底自我抛却。

假如让你和你的同事分别去做一件相同的事情，可能你自己辛辛苦苦，费了九牛二虎之力才勉强把任务完成，而你的同事却轻轻松松不费吹灰之力就把事情办妥了。这种情况下你就开始心中暗自打鼓，忐忑不安。只是偶尔一次，你或许还会自我鼓励，给自己打气。可如果类似的事情多次重复可能你自然而然就开始心灰意冷了，也渐渐地开始相信自己的确是技不如人，而获得提升、得到老板的青睐怕是没有指望了。

其实，当我们遇到这种情况时，有惭愧之心乃是人之常情、再正常不过。可是我们若因此而放弃抛却努力或自暴自弃就绝非明智之举了。先不说聪明不够智慧不足者可以选择笨鸟先飞，单就个人能力来说，即使自己真的技不如人也并不一定就处于弱势。老板青睐、重用一个人不可能只看能力一个因素，有时候对于一个上司来说其他的品质如责任心、忠诚度、执行力、勤奋踏实等可能同样重要或者更加重要。

所以，我们完全可以扬长避短，将自己的价值最大化。如果我们能力不如他人，我们可以充分发挥运用自己其他方面的优点，如做事当真、服从指挥、对老板绝对忠诚、毫不迟疑地执行老板的命令等等。大量事实说明，很多得到老板欣赏，被老板委以重任的员工并不一定都是那些能力很强的人。

在社会上与人相处，假如囊中羞涩羞怯，确实会让自己觉得矮人三分、低人一等。同是处于同一教室的虽是同班同学，很多人虽然能力并不如自己，但是因为其家庭经济基础比自己雄厚，几年下来有的人自己成立了公司，当了老板，有的则靠关系进了不错的单位。唯有自己，只能从头打拼，天天辛辛苦苦拼命努力也挣不了几个钱。

当我们在社会上遇到越来越多的磨难却眼睁睁看着别人轻轻松松的生活时，我们便开始抱怨这个社会的不公平，觉得自己的前途一片渺茫。虽然无可奈何，却又心有不甘。

换个想法，其实困难也是我们人生的一笔财富，它可以让人变得更坚强也更成熟。囊中羞涩算不了什么，即使那些有钱人很多年前也是穷人，最初也是他们贫穷的先辈们辛辛苦苦才创下了一份基业。那么，我们为什么不行呢？祖上没有基业就靠自己努力打拼。资本匮乏也可以成为自己在竞争中奋起的动力，当一个人下定决心背水一战来做一件事时，就没有什么事做不到的。

同时，对于那些穷苦出身的人来说，他们会更懂得机会的弥足珍贵，所以他们总会更加珍惜每个来之不易的机会，做好每一件事情来追求他们想要获得的成功。

性格往往决定我们的成败的走向。有时往往正是性格上的弱点导致自己最终失败。这其中，有的人是因为高傲自大、生性傲慢，有的人是因为自己做事优柔寡断，有的人是因为刚愎自用，有的人是因为生性懒惰，遇事总喜欢找借口，还有的人则是因为胆小懦弱，难当大任。

不管我们属于其中哪一种，如果不能及时改变，就很可能导致自己与成功失之交臂，让自己承受失败的打击。

当然相信很少有人能在性格上做到完美无缺，也很少有人的性格毫无优点。如性格中的内向和外向，我们很难说究竟出到底是内向好还是外向好。内向有内向的好处，外向也有外向的不足。虽然内向的人人际关系稍差，但却胜在他做事却能够沉得住气，让人踏实放心。这是做大事所不可或缺的品质。

虽然我们性格中可能会有许多缺点但每种性格中也都隐藏着自己尚未发现的闪光点，而目前处境中的种种不完美，都只能说明我们目前还没有找到一条更适合自己发展的道路罢了。

孙子兵法中说："无所不备，则无所不寡。"仔细想想，其实做人也是一样，我们将自己缩得越小，生存空间就会变得越大。如果我们觉得自己不能像其他人一样，为人处事八面玲珑、游刃有余，那就不妨先熟悉自己，找出自己的优势所在，扬长避短，将自己的上风施展到极致。

通过以上各种进行分析比较，也许你会惊喜的发现，其实情况并不像自己想象中的那么糟糕。尽管自己目前看起来毫无优势，但这一切并不能说明你就永远的失败了，永无出头之日了，只要生活还在继续，生命就拥有希望。

积极向上，乐观勇敢的人不会甘心，也绝不会放弃。他们总能想尽办法看清自己的弱势，然后痛定思痛，在弱势中寻找到属于自己的强势，努力而自信的生活。

把每一个机会都当成救命草

很多企业在招聘员工时，都希望对方有相关的工作经验，这无疑能为企业带来很多的方便，也省了不少事。但对于刚刚毕业还没有踏入社会的学生来说，这根本就是不可能的事情。在这种情况下，身处弱势的他们，又如何在求职中杀出一条血路？这是每个面临毕业找寻工作的学生必须要考虑面对的事情。

我们常常会听到他们不停抱怨，"我们那个老板太抠门了，只给我们开这么少的工资。""经理干的活也并不比我多多少啊，为什么他的薪水比我高出那么多，他拿得多，就应该干得多嘛。""我只拿这点钱，凭什么去做那么多工作，我干的活对得起这些钱就行了。"

也许是因为初入江湖，他们总觉得自己能力很强，所以，一些很小的机会在他们眼中就会显得无足轻重、不值一提。他们很多人，都不屑于做详细的、琐碎的事，也不注意小事和细节，在他们眼中，总是盲目的相信"天将降大任于斯人也"，认为自己可以干一番大事，所以，对于工作中的小事常表现出一副不屑一顾的样子。殊不知能把自己所在岗位上的每一件小事做好，做到位就已经很不简单了。

他们这样都是心态过于浮躁的原因。浮躁情绪是工作的大敌，它会让人变得焦躁不安、急功近利，以致失去自我。

　　而人一旦失去自我，失去自己的正确定位后，就会随波逐流、盲目而无目的，进而对未来产生迷惘，辨不清自己前进的方向。在现实生活中，不仅仅是刚刚毕业的大学生如此，随着生存压力越来越大，社会上很多人也变得急功近利、盲目求成、缺乏坚定的信念。

　　以这样的心态工作是不会获得成功的，当他们因浮躁而不能认真做好自己应该做的事情，并失去工作后，接下来将要面临的便是努力找下一份工作的局面。如此周而复始，他们在日复一日不停地抱怨中年岁渐长，然而自身技能却没有涓滴进步。最终也只能成为社会上真正的弱者。看看自己周围那些只知抱怨而不努力工作的人吧，他们从不懂得珍惜得之不易的工作机会。以致最后被解雇。在竞争日趋激烈的今天，不努力工作的人，总是会排在被解雇者名单的最前面。

　　把工作当作自己救命稻草的观点，在刚刚毕业的学生看来好像显得有些危言耸听。不过，当很多人在经历了一番困难后，慢慢的开始对这句话有了切身体会。但很遗憾，大多数人总是在遭受"晴天霹雳"之后才会醒悟。为何非要等到屋顶塌下来的时候，才去思考为什么倒霉的事总发生在自己身上？

　　其实，每个人身上都具有从平凡的工作中脱颖而出的潜质，只是当机会在你手中的时候，你还意识不到它的珍贵，也不懂得珍惜。当机会从你身边滑过的次数越来越少时，你才开始变得务实、认真了。这就好比上天先用温顺的方法来提醒你，但你对它置之不理，之后，他生气了，让你重重吃了一锤时你才会感觉到难受并开始珍视它。所以，不要等到退无可退时才下定决心在下一份工作中踏实、努力。

越早领悟到这点，越能使自己在小机会中获得非凡的发展。现实生活中，很少有人能够一步到位，从开始直接走向成功的。工作中所谓的小事也实在不能算小，很多大事的失败恰恰就是因为一些看起来毫不起眼的小事导致的。所以，不要因事小而不认真对待，工作中无小事。

相较于家庭条件好的大学生，往往那些从农村走向城市和城市中没有钱势支持的大学生，能更好地把握住每一个来之不易的机会。因为在他们眼中，每一个机会就像他们的救命稻草一样，一旦得到就会牢牢抓住。即使工作很累，他们也会满怀感恩的努力，任劳任怨；即使职位低微、杂事繁多，他们也总能心态积极，认真地把每件事做到位，做到精彩。

那些把每个机会都当成救命草的人，从来不会把一份不够完善的结果交到上司手中。他们凡事尽心尽力、追求完美，工作中，他们对自己要求严格，认真负责。什么人才是老板眼中的优秀员工？当然非他们莫属。

尽善尽美体现的是一种工作态度，没有谁一开始就能将工作做到尽善尽美的程度，但我们可以要求自己尽心尽力的努力去做。

把每一个机会当成救命稻草来对待不是靠说出来的，我们必须拿出让人信服的行动才能真正抓住这棵稻草。完成这样的事情，不仅需要我们有决心，同时也更需要我们放下架子，不嫌脏、不怕累，认真做好工作中的每件事情。

现实中，很多人所做的工作都只是一些详细的、琐碎的、单调的事。它们也许过于平淡，也许鸡毛蒜皮，但这就是工作，是做任何大事都不可缺少的基础。天下难事，必作于易；天下大事，必作于细。一个不愿做小事的人，是不可能成功的。要想比别人更优秀，只有在每一件小事上比别人下更多的工夫。

要想成功地抓住我们手中的"救命稻草"，我们首先要认清自己手中的"救命稻草"究竟是什么？

答案就是坚持，只有坚持做好每件小事，才能够有所积累，也才有可能有所收获。很多时候，我们都站在同一条起跑线上，但是经过时间的检验，有些人输了，也有些人赢了。那么，究竟是什么把人和人区分开的呢？很多输的人后来回忆说，主要原因是自己抛却了一些看起来并没有价值的事情。

根据以上的种种分析来看，对于刚刚走上工作岗位的大学生来说，张扬个性并不是我们目前最需要的，虽然说初生牛犊不怕虎，但是为了能更紧地抓住自己的救命稻草，我们需要学会顺服。

　　在这样一个张扬个性的时代，顺服恰好正是社会和谐相处的基础，也是弱者获得个人突破的最好武器。开始的时候，我们做的每一件小事都只是一棵用来救命的稻草，但到最后，我们会发现自己抱住的已经是棵参天大树了。

每一个弱者都可以成功

关于立志，有一句大家都很认可的话：立大志者得中，立中志者得小，立小志者一无所成。但事实果真如此吗？如果弱者的理想过于远大，大到遥不可及，那么就没有了成功的希望。自然而然便会想到放弃，同时内心深处也会升起一股无力感，打击自己。但如果我们定下一个比较小的，自己完全能够实现的目标呢？我们当然会充满动力去实现它，满足自己。然后再去确定下一个离我们不远的目标，如此一来，或许我们会达到不敢想象的高度。所以，我们要学会让理想和自己的实际情况相符，这样即使是弱者也可以获得属于自己的成功。

看过电视剧《萍踪侠影》的朋友，肯定不会忘记那个搞笑人物，飞驼国国王赤角。在旁人眼中，赤角是一个不折不扣的疯子，但他自己却不这么认为。他每天都为自己雄霸天下的梦想如痴如醉着。

《萍踪侠影》中，飞驼国方圆仅 70 里，是一个不折不扣的袖珍小国。不过，赤角却从来没有认清这一点，他把自己修建的小土墙当作万里长城，把 100 多名士兵看成是百万大军。在他看来，成吉思汗不值一提，亚历山大也算不了什么。他有一个令人匪夷所思的疯狂理想，他要灭掉大明王朝，独霸欧亚，吞并非洲。

这样荒诞不经的理想，想想倒也还就罢了，而他却为此开始付诸实施了。在三次向瓦剌国下毒挑衅后，人家带领着千军万马杀过来了。他倒挺镇静，指挥着区区 100 来人向对方横杀过去，结果落了个全军覆没。

作者在这段故事的叙述中带有极具夸张讽刺意味，然而经过仔细思量后我们才会发现，其实现实中也有很多人因为这样不切实际的理想而败得一塌糊涂。强者有属于强者的成功，弱者有属于弱者的理想。相对于结果，为自己确定一个合乎实际的目标显得尤为重要。

现实中，有不少人为了自己一个不切实际的目标，急匆匆地踏上征程。但因为目标偏离实际太多，有些人不得不半途而废，有些人则依然在痛苦中挣扎。

其实，弱者与强者的界限并不是泾渭分明。两者之间的距离就像楼层与楼层，它们之间，由不同的台阶连接而成，第一个台阶上的人只有一阶一阶不断向上走，才会真正明白第一个台阶到最后一个台阶有多远的距离，也会明白第一个台阶和最后一个台阶的间隔究竟是什么。

很多时候，我们往往都把这个中间过程忽略了，只是将目光直接锁定在最后一个台阶上。但事实上，成功路上布满荆棘在所难免，但成功本身却不是一件令人感到痛苦的事。一条成功之路注定不是只有成功本身，它是由折磨、痛苦、汗水、泪水、鲜花快乐等等共同浇筑而成，每一滴汗水都会使鲜花得到滋养，每一滴泪水都在孕育快乐的绽放。

那么，身为弱者的我们，究竟应该如何面对自己的人生，又要怎样诠释自己的成功？

每一个弱者都可以有属于自己的成功，只要努力，每个人都可以抵达成功的殿堂。那为什么还会有如此多的人早早放弃努力？是因为他们在望向成功时，看到的只是漫漫无边望也望不到头的长路。当他们努力了很久还是没有看到成功的影子时，成功就不会再令他们满怀憧憬，希望也会慢慢演变为绝望。当最后发现无路可走时，就只能任由命运摆布，只有在哀叹中沉于现状。

每一个弱者都可以成功，只要能正确定位好成功的坐标。比如说，一个刚刚毕业不久的工商管理本科生把自己的目标定位在了做一个成功的经理上面，这是无可非议的事情，但如果他在求职过程中非经理工作不做，那么肯定的，他的求职是不会成功的。相信不会有哪个老板能放心将如此重要的职位交到他手中。

最好的方法是给自己一个正确的定位。

换个方法，如果他在自己喜欢的行业中找一份普通工作，在专心将本职工作做好的同时，认真观察、记录、总结、分析整个工作流程究竟是怎么运转的。在认识了整个工作程序后，让自己在本职工作上表现得更为精彩。随着时间的推移，他依照设计好的目标前行，终会取得成功。

每一个弱者都可以成功，关键是要领悟到什么才是成功的真谛。如果只是在一个很低的职位上应付工作，埋怨别人不重视自己，不尊重自己的远大理想，那么即使离自己的理想近在咫尺，也很难到达。有时成长比成功更重要，在工作中获得很好的锻炼，得到更大的进步，这本身就是一种成功。

所以，对于弱者而言，最重要的就是树立正确的适合自己的目标，不要把理想放在那些遥不可及的地方，目标确定好后，我们只需要脚踏实地做好手中的工作，认认真真完成当前工作，成功就已经在你手中了。